高等学校新工科计算机类专业教材

U0159467

C 语言项目实践

周富肯　沈瑞琳　何炜婷　**编著**

西安电子科技大学出版社

内 容 简 介

本书整理了 25 个 C 语言基础实践项目，分为桌面小工具、小游戏、棋牌游戏、算法展示工具、图像处理工具等五大类，按从简单到复杂的顺序进行编排。每个项目均按项目简介、项目需求、项目设计、项目实现、实现效果、不足与改进等展开介绍。其中，项目需求提出了该项目需要完成的功能要求；项目设计则根据需求进行分析，提出了解决问题的思路；项目实现提供了部分项目需求功能的编程实现，更多的需求功能则留给读者进行思考和实现。

本书适合本科院校计算机专业的学生使用，特别是低年级学生在 C 语言课程设计(或独立设置的集中实践环节)中使用。同时，本书也适合非计算机专业但对计算机感兴趣的学生自学。

图书在版编目(CIP)数据

C 语言项目实践 / 周富肯，沈瑞琳，何炜婷编著. --西安: 西安电子科技大学出版社，2024.5
(2024.8 重印)
ISBN 978-7-5606-7239-7

Ⅰ. ①C… Ⅱ. ①周… ②沈… ③何… Ⅲ. ①C 语言—程序设计 Ⅳ. ①TP312.8

中国国家版本馆 CIP 数据核字(2024)第 065534 号

策　　划　　明政珠
责任编辑　　孟秋黎
出版发行　　西安电子科技大学出版社(西安市太白南路 2 号)
电　　话　　(029)88202421　88201467　　　　邮　　编　　710071
网　　址　　www.xduph.com　　　　　　　　电子邮箱　　xdupfxb001@163.com
经　　销　　新华书店
印刷单位　　广东虎彩云印刷有限公司
版　　次　　2024 年 5 月第 1 版　2024 年 8 月第 2 次印刷
开　　本　　787 毫米×1092 毫米　1/16　印张 15
字　　数　　356 千字
定　　价　　44.00 元
ISBN 978-7-5606-7239-7
XDUP　7541001-2

如有印装问题可调换

Preface 前　　言

近年来，以人工智能为代表的计算机科学技术不断推动产业智能化发展，深刻地影响了人们的工作和生活方式，很多大学生选择计算机专业作为自己的职业方向。作为计算机专业的入门课程，大部分高校把 C 语言列为第一门编程课程，以此作为后续很多计算机专业课程的基础。因此，学好 C 语言，能更加快速和高效地学习其他编程语言，同时也能更容易地理解计算机系统的底层逻辑。

本书涉及的项目均采用 C 语言作为编程实现语言，并采用 Dev 编程工具进行开发。为了使项目的实现效果更好，绝大部分项目都采用了图形界面作为用户交互界面，本书采用 ACLLib 实现图形界面。ACLLib 是一款入门级的图形界面库，是浙江大学翁恺教授及其学生经过多年努力开发而成的，它简单易用，非常适合计算机专业新生。读者可在 GitHub 网站搜索 ACLLib，下载图形库的源码、示例和文档说明。

本书是几位作者近年来在指导本科生过程中积累的一些关于程序设计实践方面的教学成果总结。作者在多年的 C 语言教学过程中发现，单纯的 C 语言语法和编程练习的学习难免枯燥无趣，而项目实践，特别是采用图形界面交互的小项目或小游戏，可以大大提升学生的学习动力和兴趣。一般情况下只需要学完约 64 学时的 C 语言课程，就可进行本书项目编程的实践。

1. 本书解决的主要问题

(1) 解决了传统教学难以有效引导学生进行主动探索和创新的问题。目前市面上的大多数教材都是按照传统教学方式设计的，其中缺乏引导学生进行主动探索和创新的元素，并不适应混合教学和翻转教学的新型教育方式。本书将解决如何适应混合教学和翻转教学方式的问题，以有效引导学生进行主动探索和创新。

(2) 解决了学习进度较慢的学生无法获得学习成就感的问题。学习成就感是大学生能够保持源源不断的学习动力的来源，计算机类专业的学习本身就比较枯燥，若在大一无法获得学习成就感，就有可能在后续的三年学习中失去学习动力，而让学习相对落后的同学也能顺利完成实践项目是非常重要的，因此需要在教材的内容和问题设计方面给予足够的重视。

2. 本书的创新点

(1) 贯彻工程教育理念。学生中心理念、成果导向理念和持续改进理念是工程教育的三大理念。基于该理念，以学生为中心的教材不能只是单纯教学生怎么做，而是应该引导学生去分析问题，站在学生的角度去思考问题，同时又能满足各学习层次学生的需求，让学生都能得到成长和发展。

(2) 以兴趣和问题为导向。通过近几年的实践教学经验，作者精选了一些学生感兴趣的实践项目，同时也引导学生深入研究计算机系统，为后续专业课程的学习注入学习动力。另外，还将项目分解成若干从易到难的小问题，为部分问题提供解决方案，也会留一部分问题让学生自行解决。

本书由广东东软学院的周富肯、沈瑞琳、何炜婷共同编写。本书在策划和编写过程中，得到了刘康鉴、张勋、肖钧科、黄颖诗、陈启晖、张华峰、吴卓、温锦俊、张志杰、梁尧聪、谢锦辉、范珈唯的协助；同时，还得到了 2022 年全国高等院校计算机基础教育研究会的立项支持和西安电子科技大学出版社的项目资助，特此向支持和关心本书研究工作的单位和个人表示衷心的感谢。

项目设计和项目实现并不是实现项目的唯一途径，它只是给读者提供某一种参考解决方案而已，特别是书中代码的实现可能会存在一些不足之处，殷切希望读者批评指正。

编 者

2023 年 9 月

目 录

第1章　桌面小工具类

项目1　时　　钟

项目简介

本项目参照手机界面的时钟设计一个时钟工具，该工具可以实现手机中时钟的基本功能，如数字时钟、闹钟、秒表、计时器等。

项目难度：易。

项目复杂度：简单。

项目需求

1. 基本功能

(1) 数字时钟：参考手机的时钟功能。

(2) 秒表：参考手机的秒表功能。

(3) 计时：参考手机的计时功能。

(4) 简单闹钟：参考手机的简单闹钟功能。

(5) 高级闹钟：可设置多次，可以绑定不同星期和月份等固定日期，有多种提醒方式等。

2. 拓展功能

世界时钟：可以为不同时区设置不同的时钟。

项目设计

1. 总体设计

根据项目基本功能需求的设定，时钟总体设计规划功能如图 1-1 所示。

具体功能设计介绍如下：

(1) 界面。

通过分析手机时钟界面，确定需要设计 4 个主界面，分别为数字时钟、闹钟、秒表、计时器。

方法：先规定好界面尺寸，定义一个包括界面序号、底栏图像、坐标、图片尺寸等的结构体，随后对链表进行初始化，并根据坐标、图片画出时钟界面的基本布局。

(2) 数字时钟。

数字时钟界面较为简单，需要获取系统时间，让显示时间的数字通过坐标规划后在界面上显示出来，同时保证时钟更新至最新时间。

方法：运用结构体指针获取系统时间，由于系统时间是 int 类型，因此需要将其转化为 char 类型并打印在时钟界面。

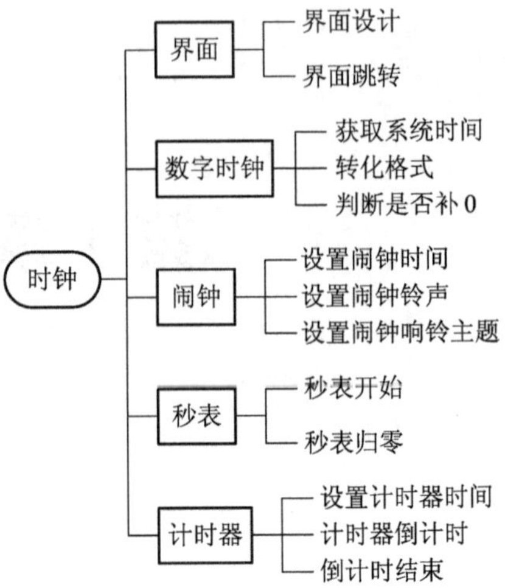

(3) 闹钟。

首先根据手机界面来设计界面内容，随后通过按钮设置闹钟，设置闹钟要尽可能高级化，具体包括选择铃声、日期等。

方法：用鼠标点击的方法模拟手机界面的触控效果，点击设置后用 +/- 键上下滚动设置闹钟时间、铃声、日期等；设置完的闹钟要与系统时间进行比较，若闹钟时间与系统时间一致则闹钟响起。

(4) 秒表。

点击"开始"按钮可以开始计时，再次点击该按钮可以暂停并记录秒表时间，最后点击"复位"按钮可归零。

方法：秒表包括分钟、秒钟、毫秒，这三个数据会递增滚动，若是该数据到达 60 就会向下一位进位，并且数据归零重新递增滚动，直到按下"复位"按钮才会停止并且整体归零。

(5) 计时器。

首先根据手机界面来设计界面内容，计时器包括分钟、秒钟、毫秒三个数据供用户设置；设置完后进入倒计时，计时器归零后铃声响起。

方法：用 +/- 键上下滚动设置计时器倒计时，毫秒、秒钟、分钟数据开始依次递减，毫秒到 0 时秒钟数减 1，秒钟倒计时到 0 时分钟数减 1，直到所有数据都为 0 时计时器的铃声响起，并且顶栏弹出一个"计时器响起"的横条。

计时器/闹钟的功能设计有以下几处难点：

(1) 设置计时器/闹钟时的进制问题。因为时钟和分钟/秒钟的进制不一样，通过 +/- 滚动设置时，设置的时间变换小时部分为 0~23，分钟部分为 0~59，到达 24/60 时该时间需要单独判断并且归零，还要让上一位时间 +1，关联度较大。

(2) 界面是否可见问题。在进行独立界面操作时需要判断界面是否可见，还要判断鼠标点击与按钮坐标是否一致，操作时需要判断目前处于第几个界面而且鼠标点击的坐标是否有按钮。

图 1-1　时钟总体设计规划功能图

2. 关键功能的设计

计时器的功能设计流程如图 1-2 所示，首先规定好文本/颜色/背景后，将已经设置好的时间开始倒计时操作，如果毫秒时间大于 0 则进行毫秒时间的递减，如果分钟时间大于 0 则进行分钟时间的递减，以此类推，同时定时器不断刷新并将 int 类型转化为 char 类型的数据输出显示在界面上，最后判断时间十位是否需要补 0 输出。

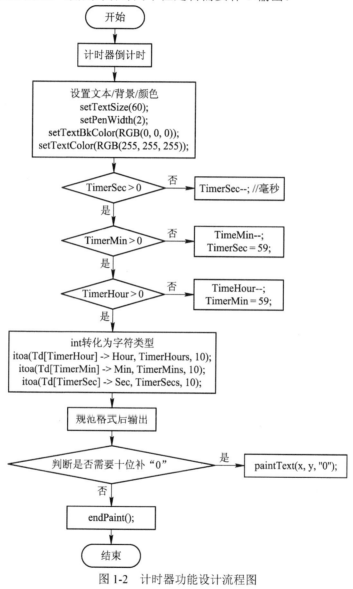

图 1-2　计时器功能设计流程图

项目实现

1. 程序框架

该项目实现所需要的关键结构体、变量或常量定义如下：

(1) 界面结构体。

界面结构体中定义了界面序号、坐标、尺寸等必要的结构体变量，具体见代码1-1。

代码1-1 界面结构体。

```
struct Frame {                      //界面
    int number;                     //界面序号
    ACL_Image ImgDown;              //底栏图片
    int DownX;                      //底栏坐标
    int DownY;
    int DownHigh;                   //底栏尺寸，宽/高
    int DownWide;
    int Button;                     //0 关闭，1 打开
    ACL_Image ImgTop;               //顶栏图片
    int BtnX;                       //底栏四个按钮
    int BtnY;
    int BtnHigh;
    int BtnWide;
};
Frame F[10];
```

(2) 闹钟结构体。

闹钟结构体中定义了闹钟序号、坐标、尺寸等必要的结构体变量，具体见代码1-2。

代码1-2 闹钟结构体。

```
struct AlarmClock {
    int number;
    int x;
    int y;
    int ButHigh;                    //图标高度
    int ButWide;                    //图标宽度
    ACL_Image ImgAcl;               //各种图片
    ACL_Image ImgOpen;
    ACL_Image ImgOff;
    int flag;                       //判断是否进入第二界面
    int Button;                     //0 关闭，1 打开
    int ClockTime;
};
Acl A[5];
```

(3) 闹钟数据结构体。

闹钟数据结构体中定义了包括小时位和分钟位加/减的结构体变量，具体见代码1-3。

代码1-3 闹钟数据结构体。

```
typedef struct AlarmData *Ald;      //闹钟数据
```

```
struct AlarmDate{
    int AddHour;                        //判断时间加减
    int AddMin;
    int OutHour;
    int OutMin;
    int Hour;
    int Min;
    int flag;
};
Ald D[60];
```

2. 关键功能的实现

计时器的功能设计具体见代码1-4。首先我们要定义返回值为整数型的函数，在规定好相关文本尺寸、画笔宽度和背景/文本颜色后开始判定计时，经过简单判断后再对计时器显示格式进行规范化。

代码 1-4　计时器功能设计。

```
int TimerCountDown(){
    setTextSize(60);                    //文本尺寸
    setPenWidth(2);                     //画笔宽度
    setTextColor(RGB(255, 255, 255));
    setTextBkColor(RGB(0, 0, 0));       //背景颜色
    beginPaint();
    //时间进制
    if(TimerSec>0)                      //毫秒数大于 0
    {
        TimerSec ;
    }
    else
    {
        if(TimerMin>0)                  //秒数大于 0
        {
            TimerMin--;
            TimerSec=59;
        }
        else{
            if(TimerHour>0)             //分钟数大于 0
            {
                TimerHour--;
                TimerMin=59;
```

```c
        }
        else{
            return -1;
        }
    }
    itoa(Td[TimerSec]->Sec,TimerSecs,10);
    if(Td[TimerHour]->Hour>9)              //格式规范
    {
        paintText(110,160,TimerHours);
    } else if(Td[TimerHour]->Hour==0)
    {
        paintText(110,160,"0");
        paintText(138,160,"0");
    }
    else{
        paintText(110,160,"0");
        paintText(138,160,TimerHours);
    }
    if(Td[TimerMin]->Min>9) {
        paintText(180,160,TimerMins);
    } else if(Td[TimerMin]->Min==0){
        paintText(180,160,"0");
        paintText(208,160,"0");
    }
    else {
        paintText(180,160,"0");
        paintText(208,160,TimerMins);
    }
    if(Td[TimerSec]->Sec>9) {
        paintText(250,160,TimerSecs);
    } else if(Td[TimerSec]->Sec==0){
        paintText(250,160,"0");
        paintText(278,160,"0");
    }
    else {
        paintText(250,160,"0");
        paintText(278,160,TimerSecs);
    }    endPaint();
}
```

实现效果

数字时钟设计效果如图 1-3 所示，运行之后在右边界面出现不断更新的时间。秒表设计效果如图 1-4 所示，点击"启动"按钮后开始运行，点击"复位"按钮可以归零。闹钟设置界面如图 1-5 所示，可以通过 +/– 号设置时间，还可以选择不同的铃声。计时器界面如图 1-6 所示，其采用和闹钟类似的布局。

图 1-3 数字时钟设计效果图

图 1-4 秒表设计效果图

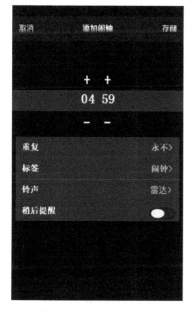

图 1-5 闹钟设置界面

图 1-6 计时器界面

不足与改进

由于 Dev 编程工具本身的缺陷和技术障碍，本项目的实现还存在不足，当然这些问题也一定有相应的解决方案。例如多界面跳转，界面在代码本身没有问题的前提下仍然会有卡顿现象，这提示我们是否代码可以进行进一步简化，从而避免相关问题。

具体不足之处如下：

(1) 数字时钟只能查看北京时间，不能查看世界时间，希望能通过一些计算得到更多世界不同地区的时间。

(2) 闹钟设置还不够高级，不能实现多个闹钟同时设置，但是能设置具体时间、铃声类型，整体还算可以。

(3) 秒表不能记录每一次计时的时间，只能单次记录时间，记录完成后就会复位归零。

(4) 各个界面跳转还不完善，会出现闪退即直接退出程序的现象，比如闹钟和计时器响铃后直接退出程序(不能继续运行程序)。

项目 2　日　　历

项目简介

本项目设计一个日历小工具，使其具有查询日历，切换年份、月份，添加日程，选择日期等功能，要求每个日期都有对应的星期以及农历时间。日历主界面显示有当前选择的日期以及添加的日程，用户可选择年、月、日。

项目难度：易。

项目复杂度：简单。

项目需求

1. 基本功能

(1) 切换日期。用户可通过点击按钮或下拉框来选择切换日历当前显示的月份、年份，当用户选择后，数据变更为选择的日期。

(2) 选择日期。当用户想要具体查看某日日期或要对某日进行操作时，可选择要操作的日期，点击日期后即可进行操作(如添加日程)。

(3) 回到今日日期。当用户切换了日期后，想要返回查看今日的日期，点击"返回今天"按钮即可切换回今日日期。

(4) 获取用户输入。添加日程功能需要获取用户输入，通过构建输入框来获取用户输入。

(5) 显示当前日期。在右侧的日期栏中显示当前选中的日期。

2. 拓展功能

(1) 对选择的日期添加日程。选择要操作的日期，选择后输入信息，点击按钮后即可添加。

(2) 显示日程。当用户添加日程后，能在对应的地方显示出来。

项目设计

1. 总体设计

根据项目的基本功能需求的设定，日历总体设计规划功能如图 1-7 所示。

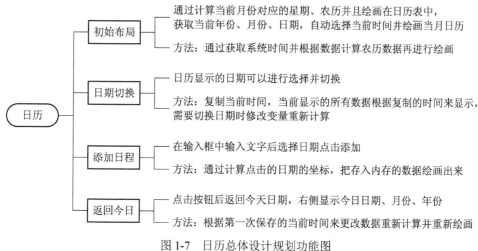

图 1-7　日历总体设计规划功能图

具体功能设计介绍如下：

(1) 初始布局。

获取当前的月份，计算当前月份对应的星期数，再根据星期来进行坐标计算，通过坐标即可进行绘制展示。

方法：通过 time 函数获取系统时间后计算当前月的天数和当前月份的第一天是星期几，并根据农历数据计算对应的农历日期再进行绘制。

(2) 日期切换。

日历显示的日期可以进行选择并切换。

方法：把获取到的系统时间保存到另外一个变量中，当用户点击切换时对所复制的数据进行加减操作。

(3) 添加日程。

获取用户输入后选择日期点击添加。

方法：构建一个输入框，当用户点击时保存用户的输入，当用户点击了"添加日程"按钮后把保存的数据绘制到程序中。

(4) 返回今日。

点击按钮后返回今天日期，右侧显示当前日期、月份、年份。

方法：根据第一次保存的当前时间来更改数据并重新计算、重新绘制。

日历设计有以下几处难点：

(1) 农历的计算。由于根据新历无法直接计算出农历，因此需要使用带有农历数据的数据来进行二次运算。

(2) 展示日期切换的界面。日期切换需要展示可选择的月份或年份，需要处理好合理的图层关系以及点击方式。

(3) 添加日程。添加日程需要获取用户的输入，因此需要通过输入框来获取用户输入并计算坐标来确定打印的位置。

(4) 各种事件的合理使用。如多界面、组件的合理触发方式以及交互效果。

2. 关键功能的设计

(1) 添加日程功能。

添加日程功能设计流程如图 1-8 所示，即通过键盘事件获取用户输入内容，并根据当前保存的时间数据进行坐标计算，再通过坐标计算确定日程内容的位置，当点击"添加日程"按钮时，执行绘画函数。添加日程实现原理如图 1-9 所示。

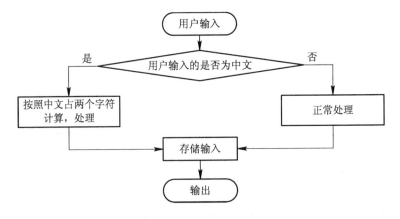

图 1-8　添加日程功能设计流程图

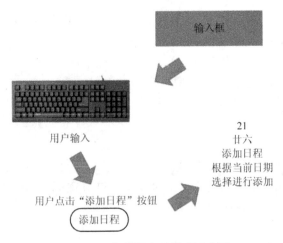

图 1-9　添加日程实现原理示意图

（2）切换显示日期功能。

切换显示日期功能设计流程如图 1-10 所示，即先获取当前系统时间，并把获取的时间复制到另外一个变量中进行存储。当选择了其他日期时，通过计算存储月份数据的数据长度，根据长度计算出要显示的坐标，以此实现下拉框的显示效果。当用户点击某一月份时，改变先前存储的数据，并根据数据重新计算具体的日期信息、农历信息、坐标信息，再绘制到程序中。切换显示日期的实现原理如图 1-11 所示。

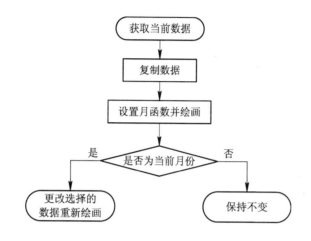

图 1-10　切换显示日期功能设计流程图

图 1-11　切换显示日期实现原理示意图

项目实现

1．程序框架

该项目实现所需要的关键结构体、变量或常量定义如下：

（1）图片结构体及输入框结构体。

在程序中通常会使用一些结构体来方便地存储相关信息。代码 1-5 分别给出了图片结构体和输入框结构体的定义。

代码 1-5　相关结构体的定义。

```
struct images{                              //图片结构体
    ACL_Image background;                   //背景图
    ACL_Image button_month;                 //月按钮
    ACL_Image button_month_hover;           //月按钮 hover
    ACL_Image month;                        //月列表
    ACL_Image gobacktoday;                  //返回今天按钮
    ACL_Image gobacktoday_hover;            //返回今天按钮 hover
    ACL_Image addevent;                     //添加日程
    ACL_Image addevent_hover;               //添加日程 hover
    ACL_Image date_background;              //日期背景
}IMAGES;
struct TBox{                                //输入框结构体
    char text[Text_num];                    //输入框输入内容
    int x;                                  //输入框 x 坐标
    int y;                                  //输入框 y 坐标
    int length;                             //输入框长度
    int height;                             //输入框高度
    int charLen;                            //当前字符长度
    char select;                            //当前是否被选中，0：未被选中；1：被选中
                                            //一个界面，最多一个输入框被选中
};
```

(2) 存储数据的变量。

在日历查询程序中，需要用到一些存储数据的变量，代码 1-6 给出了这些变量的定义。

代码 1-6　存储数据的变量的定义。

```
int calendar[6][7]={0};                     //存放要查询的月份的数组
int inquireyear,inquiremonth,inquireday;    //要查询的日期，默认为当前时间
int Value[12]={0};                          //查询某年月份的情况
int page=0;                                 //页面 id
char* strcatalldate;                        //存储合并后的日期
int LunarInfo[201]                          //农历数据
```

该项目需要通过鼠标事件实现点击按钮的效果，通过键盘事件实现读取用户输入的字符串，其函数及调用关系如图 1-12 所示。

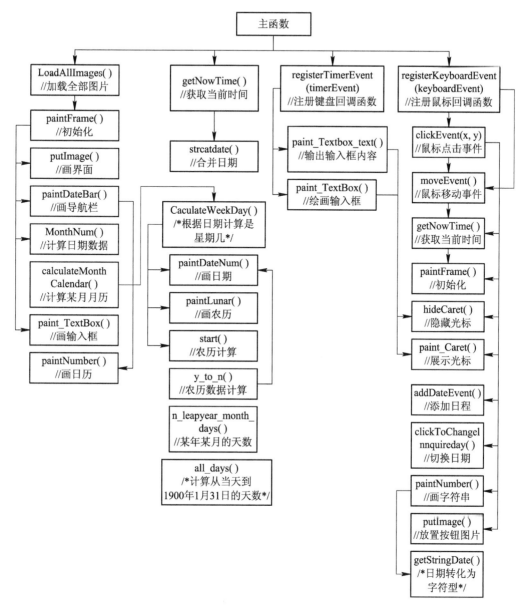

图 1-12　整体程序函数框架图

2．关键功能的实现

(1) 添加日程功能。

为了实现添加日程的功能，需要先定义变量 i 和 j，用于循环绘制内容。接着，使用两个嵌套的循环分别遍历日历的 5 行和 6 列，找到要绘制的日期，并且该日期下存在用户输入的日程内容，通过调用绘画函数来绘制相应的内容。具体代码实现如代码 1-7 所示。

代码 1-7　绘制日历的相关代码。

```
定义 i,j 变量
循环 5 次(5 行){        //绘制内容
```

```
　　循环 6 次(6 列){
　　　　如果(存放日期数据的数组等于要查询的日期且存日期数据的数组不等于 0){
　　　　　　调用绘画函数(x 坐标，y 坐标，字体大小，字体颜色，背景颜色，存储的用户输入);
　　　　　　//画内容
　　　　}
　　}
}
```

(2) 切换显示日期功能。

切换日期需要进行一系列运算，具体实现代码如代码 1-8 所示。

代码 1-8　切换日期关键代码。

```
定义 i,j 变量
循环 5 次(5 行){　　　　//绘制内容
　　循环 6 次(6 列){
　　　　如果(存日期数据的数组当前遍历的元素不等于 0){
　　　　　　如果(x 坐标小于下拉框右侧坐标 + (当前遍历元素 * 下拉框宽度)并且 x 坐标大于下拉
框左侧坐标 + (当前遍历元素 * 下拉框宽度)并且 y 坐标小于下拉框每格元素中的高度 + (当前遍历元素 *
每格元素中的高度)并且 y 坐标大于每格元素中的高度 + (当前遍历的元素 * 100)){
　　　　　　　　要查询的日期=数组中当前遍历的元素
　　　　　　}
　　　　}
　　}
}
```

实现效果

图 1-13 是日历的主页面，用户可以添加日程和选择日期。图 1-14 是日期切换界面，用户选择月份之后就会切换至选择的月份。用户可以通过选定日期再点击右侧输入框来添加日程，如图 1-15 所示。

图 1-13　日历主页面

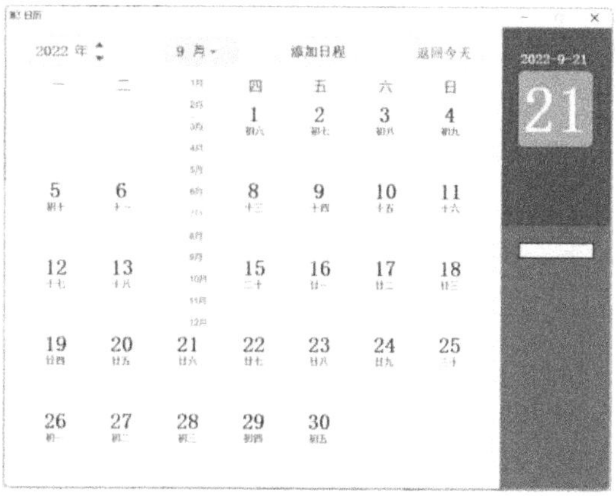

图 1-14　日期切换界面

图 1-15　日程添加界面

不足与改进

本项目设计尚有不足之处，可以进一步修改，使程序更加智能灵活，具体如下：
(1) 未实现更多的日历视图，如年视图、日视图。
(2) 日程添加未实现提醒功能，即根据所添加的日程时间进行提醒。
(3) 日程未保存到本地中，再次加载时消失。

项目 3　文件管理器

项目简介

本项目采用 C 语言编写程序模拟文件系统。文件系统采用多级目录结构，可以实现对文件和目录的创建、删除、重命名、变更权限以及显示和修改文件内容等操作。

项目难度：易。

项目复杂度：简单。

项目需求

1. 基本功能

(1) 实现文件管理器基础框架，包括菜单、快捷等功能。

(2) 实现文件管理器的树型目录结构。

(3) 实现文件管理器的文件夹或文件列表功能。

(4) 实现文件类型，可根据不同文件类型展示不同图标，可以关联打开该文件。

(5) 实现文件管理器的文件管理，包括删除、复制等功能。

2. 拓展功能

实现文件管理器的多视图展示，包括列表、小图标、大图标等。

项目设计

1. 总体设计

根据项目的基本功能需求的设定，文件管理器总体设计规划功能如图 1-16 所示。

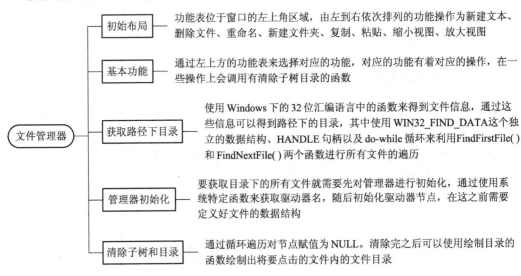

图 1-16　文件管理器总体设计规划功能图

具体功能设计介绍如下：

(1) 初始布局。

文件管理器功能表位于窗口的左上角区域，由左到右依次排列的功能操作为新建文本、删除文件、重命名、新建文件夹、复制、粘贴、缩小视图、放大视图。

(2) 基本功能。

文件管理器通过左上方的功能表来选择对应的功能，对应的功能有着对应的操作，在一些操作上会调用有清除子树目录的函数。

(3) 获取路径下目录。

使用 Windows 下的 32 位汇编语言中的函数得到文件信息，通过这些信息可以得到路径下的目录。

(4) 管理器初始化。

要获取目录下的所有文件就需要先对管理器进行初始化，通过使用系统特定函数来获取驱动器名，随后初始化驱动器节点。

(5) 清除子树和目录。

清除子树和目录通过循环遍历对节点赋值为 NULL。清除完之后可使用绘制目录的函数绘制出将要点击的文件内的文件目录。

文件管理器的功能设计有以下几处难点：

(1) 获取路径下目录，使用 WIN32_FIND_DATA 这个独立的数据结构、HANDLE 句柄，以及 do-while 循环来利用 FindFirstFile() 和 FindNextFile() 两个函数进行所有的文件遍历。

(2) 文件管理器初始化之前需要定义好文件的数据结构。

2. 关键功能的设计

(1) 清除子树目录功能。

首先判断当前子树的根是否为空。如果不为空，则继续判断子树的目录是否为空。如果为空，则释放子树的根；如果不为空，则释放子树的目录。清理子树目录功能设计流程如图 1-17 所示。

(2) 清理目录功能。

首先判断目录是否为空。如果不为空，则依次清理目录中的子树和释放子树目录，设置子树目录为空；如果为空，则设置子树目录文件数为 0。清理目录功能设计流程如图 1-18 所示。

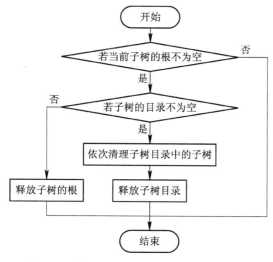

图 1-17　清理子树目录功能设计流程图

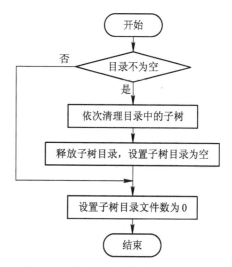

图 1-18　清理目录功能设计流程图

(3) 获取目录功能。

首先,利用 FindFirstFile()和 FindNextFile()函数遍历指定目录的所有文件,同时使用 HANDLE 句柄来记录上一次查找的目录状态,然后使用 WIN32_FIND_DATA 数据结构进行记录,并通过该数据结构下的 dwFileAttributes 属性来判断目标是文件夹还是文档。如果目标为文档,则 dwFileAttributes 的值为 FILE_ATTRIBUTE_ARCHIVE(32),而如果目标为文件夹,则 dwFileAttributes 的值为 FILE_ATTRIBUTE_ARCHIVE(16)。最后,排除目标为以 "." 和 "$" 开头的文件,因为 "." 是当前本级的文件,"$" 是打开 Excel 或者 Word 文件时产生的临时文件,这些都不算作下一级的文件。获取目录功能设计流程如图 1-19 所示。

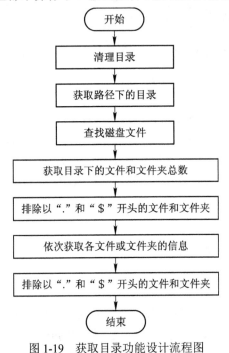

图 1-19   获取目录功能设计流程图

项目实现

1. 程序框架

该项目实现所需要的关键结构体、变量或常量定义如代码 1-9 所示。

代码 1-9   文件结构体。

```
//文件结构体
typedef struct FileNode {
    char name[NAMEMAXN];          //文件名或者文件夹名
    char path[PATHMAXN];          //文件(夹)路径
    int flag;                     //区分文件或者文件夹的标识->0: 文件夹, 1: 文件
    char datetime[20];            //文件创建日期
    int filenumber;               //文件夹包含的文件(夹)数量
```

```
        struct FileNode** files;              //文件夹包含的文件(夹)列表
        struct FileNode* pNode;               //上级目录
        int bSelected;                        //当前文件是否被选中->0:未被选中，1:被选中
    } FileNode, * FileTree;
```

该项目通过鼠标点击即可实现对文件的管理操作，其函数及调用关系如图 1-20 所示。

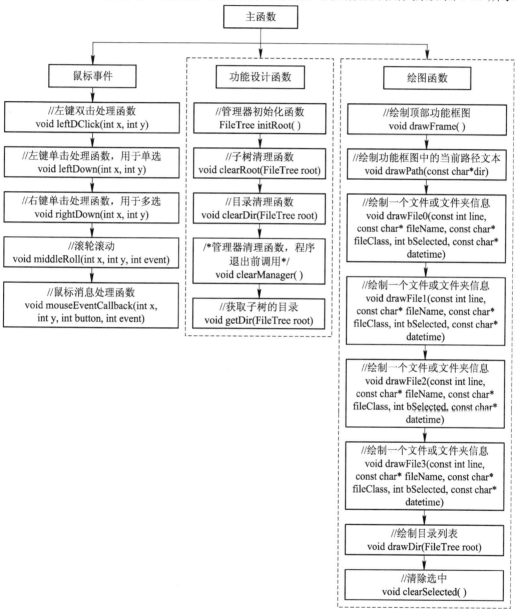

图 1-20　整体程序函数框架图

2. 关键功能的实现

(1) 清除子树目录功能伪代码。

首先判断目录是否为空。如果不为空，则依次清理目录中的子树和释放子树目录，设

置子树目录为空；如果为空，则设置子树目录文件数为 0。清除子树目录功能的伪代码如代码 1-10 所示。

代码 1-10 清除子树目录。

```
//子树目录清理函数
if(判断子树的根是否不为空){
    if(判断子树的目录是否不为空){
        定义一个循环数 i;
        for(i=0; i<文件数; ++i ){
            清理子树目录中的子树;
        }
        free(子树的目录);
    }
    free(子树);
}
//目录清理函数
if(判断目录是否不为空){
    定义一个循环数 i;
    for(i = 0; i<文件数; i++){
        清理目录中的子树;
    }
    free(子树的目录);
    设置子树的目录为空;
}
设置文件数为 0;
```

(2) 获取子树目录功能伪代码。

首先，利用 FindFirstFile()和 FindNextFile()函数遍历指定目录的所有文件，同时使用 HANDLE 句柄来记录上一次查找的目录状态。然后，使用 WIN32_FIND_DATA 数据结构，并通过 dwFileAttributes 这个文件属性来判断一个目标是文件夹还是文档。获取子树目录功能伪代码如代码 1-11 所示。

代码 1-11 获取子树目录。

```
//获取子树的目录
clearDir(root);                //先清理目录
rollpoint = 0;
//获取路径下的目录
WIN32_FIND_DATA fileAttr;
//用 FindFirstFile()和 FindNextFile()函数查找磁盘文件是经常使用的一个数据结构
HANDLE handle;
char path[PATHMAXN];
sprintf(path,"%s*",root->path);
```

```
root->filenumber = 0;
handle = FindFirstFile(path, &fileAttr);
if (handle != INVALID_HANDLE_VALUE) {
    do{
        if(文件开头 == '.' 或 文件开头 == '$'){
            continue;
        }
        文件数+=1;
    }
    while(下一个文件存在)
    关闭文件;
}
```

实现效果

(1) 文件管理器初始化界面如图 1-21 所示。

图 1-21　文件管理器初始化界面

(2) 文件管理器新建文件。点击新建文件/文件夹的按钮，文件管理器就会出现新建的文件/文件夹，如图 1-22 所示。

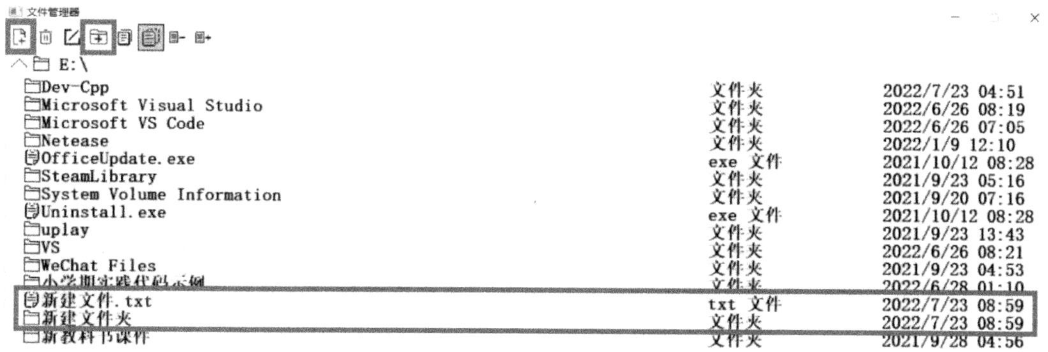

图 1-22　新建文件/文件夹界面

(3) 文件管理器文件重命名。先选中某文件，然后点击文件重命名按钮，即可对选中的文件进行重命名操作，如图 1-23 和图 1-24 所示。

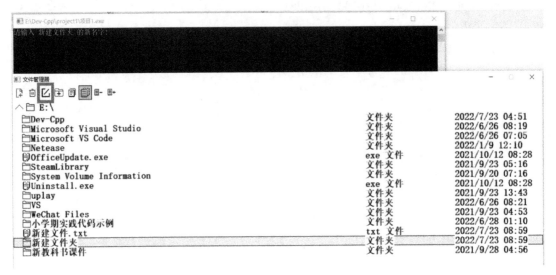

图 1-23   文件未重命名的界面

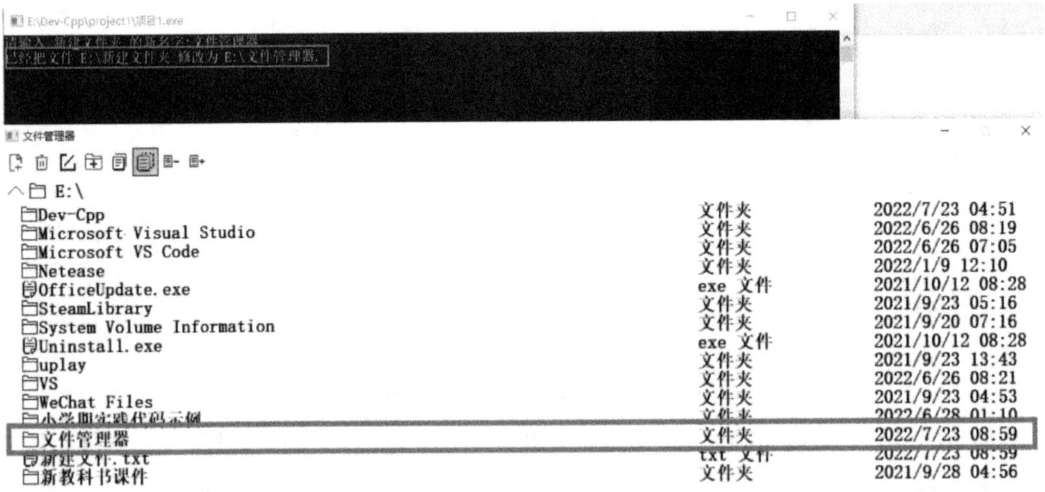

图 1-24   文件重命名后的界面

不足与改进

在文件数量很多的时候，当用鼠标滚轮往下滑时，点击想要获取的文件会出现点击目标偏移的情况。例如，想要点击某文件，而实际上点击的是上一个甚至其他的文件。因此，应进一步实现文件管理器的多视图展示，包括列表、小图标、大图标等。

项目 4　科学计算器

项目简介

本项目主要是实现科学计算器功能。计算器的功能包括加、减、乘、除等简单的四则运算，以及乘方、开方、指数、对数等方面的科学计算运算。科学计算器通过鼠标点击界面按钮进行运算。

项目难度：易。

项目复杂度：简单。

项目需求

1. 基本功能

(1) 实现科学计算器的简单公式编写功能。

(2) 实现科学计算器的辅助功能，包括回退、清零等。

(3) 实现科学计算器的标准计算，包括加、减、乘、除。

(4) 实现科学计算的常用函数，包括开方、指数、对数。

(5) 实现科学计算器的括号功能。

2. 拓展功能

(1) 实现科学计算器的历史计算记录查看功能。

(2) 实现科学计算器的其他函数，如三角函数等。

项目设计

1. 总体设计

根据项目的基本功能需求的设定，科学计算器总体设计规划功能如图 1-25 所示。

具体功能设计介绍如下：

(1) 初始布局。

用一张计算器的背景截屏作为菜单界面的背景图，界面从上到下分为菜单框、输入框、键位框三部分。

方法：每个部分的图片都要贴上对应的位置，键位框部分需要和输入框连接，将键位框得到的数据输入到输入框，得到数据之后还需要得到处理数据，处理后又将数据输出到输入框中。

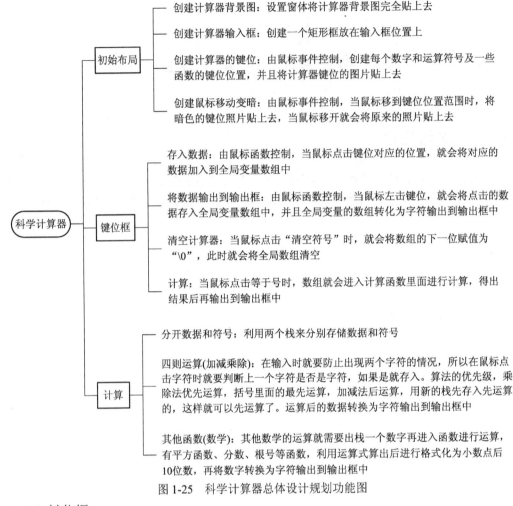

图 1-25 科学计算器总体设计规划功能图

(2) 键位框。

键位框是计算器最主要的部分，包含数字 0~9 及各种符号和函数。在键位框中，当左键点击时，能够将图中的数据输入到输入框中。当鼠标移到键位框时，键位框图中的图片会立刻变暗，而将鼠标移开就会变回来。

方法：键位框主要是用鼠标事件函数，每一个键位的功能都不一样，点击对应的键位格功能会进入相应的函数，例如点击"="键位就会进入计算数据的函数。定义一个全局变量数组，根据鼠标点击对应功能坐标的函数，然后将数字或者符号存入这个全局变量数组，最后根据进入不同的栈将数字和符号分开，进行计算结果的输出。

(3) 计算。

科学计算器最基本的计算是加、减、乘、除，其次是根号、分数、平方等函数及括号符号。鼠标点击数字 + 符号 + 数字，再点击等于号，得出等式的结果在输入框显示，就表示计算成功。鼠标不能连续点击符号，优先计算括号里面的数据和乘除法。

方法：首先将输入的数据利用栈来进行数字与符号的分开，再判断符号的优先顺序，例如乘和除优先于加和减的运算。括号的运算将括号符号和其他符号分开，定义一个规则来存储括号里面的元素。其他的函数另外处理，将计算后得到的数据转换为字符输出到输入框里。定义一个全局变量数组来存入数据，当鼠标函数点击对应数字或者符号时，先判断一下全局变量数组前一个数据是否为符号，如果是符号，那么再次点击，如果再次点击的是数字就进入数组(如果是符号就不能进入数组)。

科学计算器的功能设计有以下几处难点：

(1) 运算时的优先顺序。当有括号时要先运算括号符号；当有乘除符号时先运算乘除符号，随后运算加减符号。

(2) 常用函数的计算。例如根号得出的是个无限的、分数除不尽的数字时，则把小数点省略为 10 个小数点。

(3) 运算不能同时出现两个符号。

2．关键功能的设计

(1) 四则运算符号优先判断功能。

四则运算符号优先判断功能是通过设置一个函数定义符号优先级顺序来实现的，当符号为"("时，返回 1；当符号为"+"或者"-"时，返回 2；当符号为"*"或者"/"时，返回 3；当符号为")"时，返回 4。出栈时则要判断栈顶函数的数字是否为 1，如果是则出栈，否则再判断函数数字是否为 3，如果是则出栈，否则再判断函数数字是否为 2，如果是则出栈。最后再出栈，不用判断函数数字是否为 4，因为字符")"不可能是栈顶元素，所以不用判断。出栈后的数据存入一个新的数组里面，该数组存放的就是运算顺序正确的数据。四则运算符号优先判断功能设计流程如图 1-26 所示。

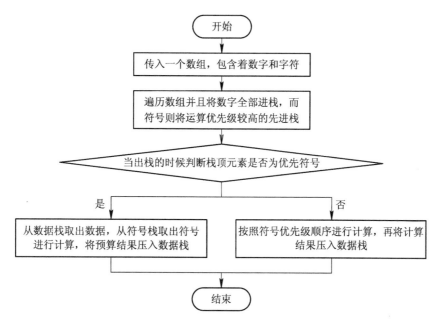

图 1-26　四则运算符号优先判断功能设计流程图

(2) 分离数字和字符功能。

分离数字和字符功能是通过遍历全局变量数组判断元素来实现的，如果元素是数字，则进入数字栈；如果元素是字符，则进入字符栈；如果元素是"\0"，则跳出循环。分离数字和字符功能设计流程如图 1-27 所示。

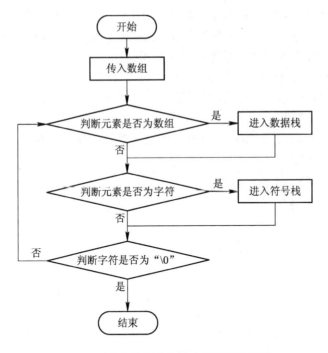

图 1-27　分离数字和字符功能设计流程图

项目实现

1. 程序框架

该项目实现所需要的关键结构体、变量或常量定义如下：

(1) 全局变量。

全局变量定义如代码 1-12 所示，输入框默认为空，鼠标的位置默认为(0,0)。

代码 1-12　科学计算器全局变量定义。

```
int cx=0,cy=0;                     //鼠标位置
//图片名字
char outputStr[100]={""};          //输出的内容
int calculation(int N,char C);     //计算
```

(2) 栈结构体。

栈结构体定义如代码 1-13 所示。定义两个栈，一个数据栈存放数据，一个符号栈存放符号；栈顶位置用一个整型变量 top 记录当前栈顶元素的下标值。

代码 1-13　科学计算器栈结构体定义。

```
/*数据栈*/
struct shuju{
    int data[100];
```

```
        int top;
    };
/*符号栈*/
struct fuhao{
        char symbol[100];
        int top;
    };
```

该项目需要通过鼠标事件来控制科学计算器的界面点击运算操作，其函数及调用关系如图 1-28 所示。

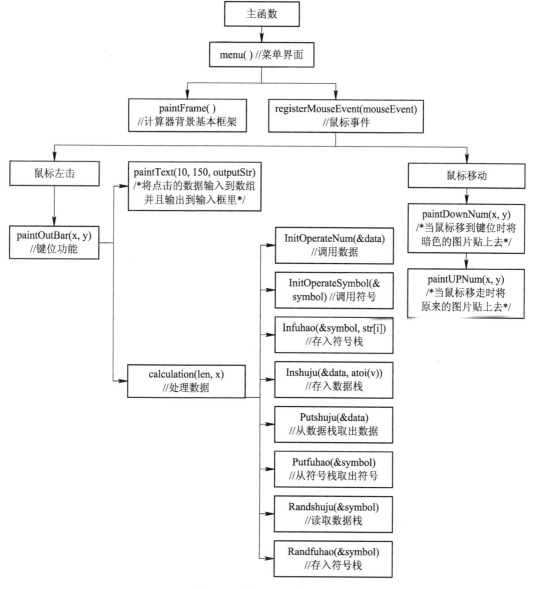

图 1-28　整体程序函数框架图

2. 关键功能的实现

(1) 四则运算符号优先判断功能伪代码。

四则运算符号优先就是有些符号优先级大，有些符号优先级小。将优先级大的符号先进栈，优先级小的符号后进栈。最后出栈要根据栈顶元素再进行优先级判断后存入新数组里。四则运算符号优先判断功能伪代码如代码 1-14 所示。

代码 1-14 四则运算符号优先判断功能。

```
while(数组不为空)
{
    if(元素为字符)
    {
        if(字符为优先级别的)
        {
            先进入符号栈
        }
        else
        {
            后进入符号栈
        }
    }

    if(符号栈没有元素)
    {
        就把元素直接进栈
    }
    else
    {
        if(出栈的符号是优先符号)
        {
            出符号栈
        }
        出符号栈
    }
}
```

(2) 分离数字和符号功能伪代码。

简单的一层遍历，用两个栈来分别存放数字和符号，这样就可以完成分离数字和符号的功能。分离数字和符号功能伪代码如代码 1-15 所示。

代码 1-15 分离数字和符号功能。

```
while(数组不为空)
{
    if(元素为数字)
    {
        进入数据栈
    }
    else if(元素为字符)
    {
        进入符号栈
    }
    else if(元素为"\0")
    {
        跳出循环
    }
}
```

实现效果

科学计算器的初始界面如图 1-29 所示。当鼠标点击数字与符号时，科学计算器进行计算函数输入，如图 1-30 所示。

图 1-29 科学计算器初始界面

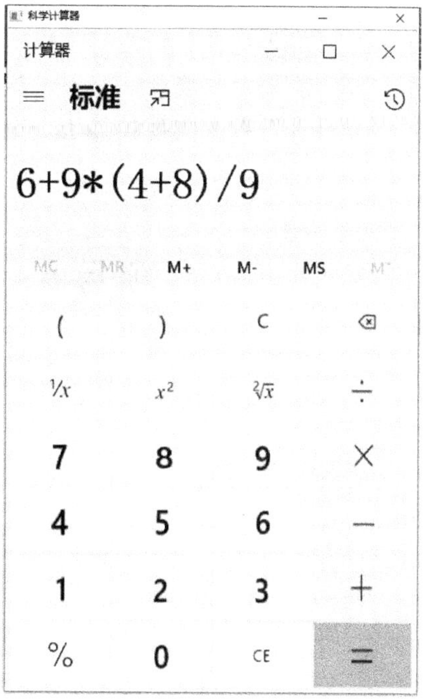

图 1-30 科学计算器计算过程

当计算结果出现小数时，会自动格式化为十位小数，如图 1-31 所示。

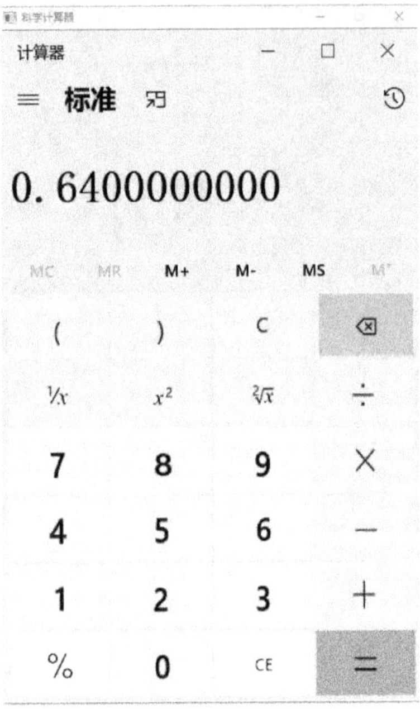

图 1-31　科学计算器计算结果

不足与改进

该项目在设计与实现过程中存在以下不足与可改进的地方：

(1) 科学计算器的左上角没有菜单模式展示。

(2) 科学计算器并未实现高级科学计算函数。

(3) 科学计算器并未实现计算历史记录查看功能。

项目 5　通 信 工 具

项目简介

本项目通过 Socket 网络编程实现可在局域网内传输消息的通信工具，通过 IP+端口+协议可确认唯一网络上的进程。本项目主要由客户端和服务器组成，客户端向服务器发送一个字符串，服务器收到该字符串后将其打印到其他客户端显示器上。本项目可多个客户端同时聊天。

项目难度：适中。

项目复杂度：适中。

项目需求

1．基本功能

(1) 实现通信工具的聊天界面，拥有对话框和发送按钮。

(2) 实现通信工具可在聊天框内任意输入文字和所有符号。

(3) 实现通信工具可在局域网内相互通信，及时将信息输送到对方客户端。

(4) 实现通信工具显示其他客户端传输过来的信息，并可以回复其他客户端。

2．拓展功能

(1) 实现通信工具的服务器可连接多个客户端。

(2) 实现通信工具多人群聊，一个客户端发送的信息，其他所有连接相同服务器的客户端均可接收信息。

项目设计

1．总体设计

根据项目的基本功能需求的设定，通信工具总体设计规划功能如图 1-32 所示。

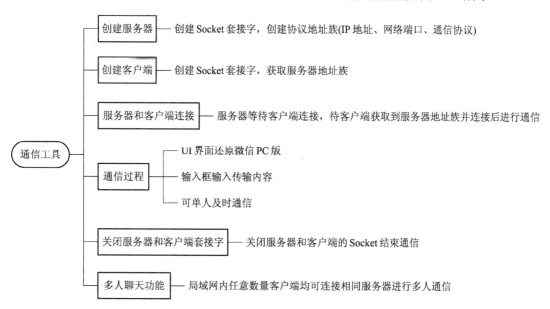

图 1-32　通信工具总体设计规划功能图

具体功能设计介绍如下：

(1) 创建服务器。首先创建 Socket 套接字，创建协议地址族(IP 地址、网络端口、通信协议)绑定 Socket 和端口号，最后监听该端口号。

(2) 创建客户端。同样创建 Socket 套接字，获取服务器地址族。

(3) 服务器和客户端连接。服务器处于监听状态等待客户端连接，待客户端获取到服务器地址族并连接服务器后便可进行通信。

(4) 通信过程。通信过程包括 UI 界面还原微信 PC 版、输入框输入传输内容、可单人及时通信。

(5) 关闭服务器和客户端套接字。关闭服务器和客户端的 Socket 结束通信。

(6) 多人聊天功能。在局域网内一台服务器可连接多个客户端，连接相同客户端的用户可以进行多人群聊。

通信工具的功能设计有以下几处难点：

(1) 服务器和客户端连接时，服务器需一直处于监听状态等待客户端连接，所以服务器需要一直处于接收数据包状态。

(2) 关闭服务器和客户端套接字时，需要确保关闭了服务器和客户端的连接。

(3) 多人通信时，当一位用户发送消息时，连接相同服务器的其他用户均可收到消息。

2. 关键功能的设计

(1) 通信函数(实现多人聊天室)功能。

首先通信函数传入参数 idx 区分该线程是第几个 Socket 数据，然后接收该数据。如果该数据大于 0，则表示数据有效，打印接收的数据信息。最后将接收到的数据向所有客户端进行广播。通信函数(实现多人聊天室)功能的设计流程如图 1-33 所示。

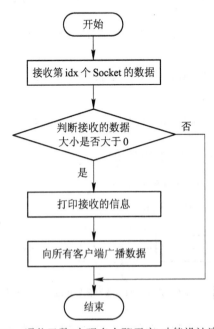

图 1-33　通信函数(实现多人聊天室)功能设计流程图

(2) 服务器等待客户端连接功能。

首先用阻塞函数将程序停止，同时监听客户端的连接。当有客户端连接进来时，需判断客户端是否连接成功，如果连接成功，则循环创建新的线程连接客户端；如果连接失败，则关闭 Socket，清除协议信息。服务器等待客户端连接功能的设计流程如图 1-34 所示。

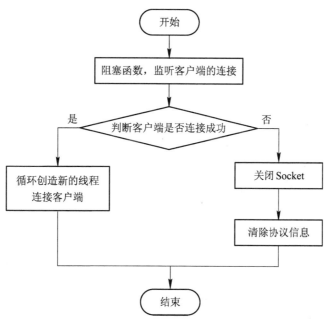

图 1-34　服务器等待客户端连接功能设计流程图

项目实现

1．程序框架

该项目实现所需要的变量或常量定义如代码 1-16 所示。

代码 1-16　程序代码框架。

```
SOCKADDR_IN cAddr = { 0 };          //作用于 bind、send 等函数的参数
int len = sizeof cAddr;             //记录 cAddr 数组的长度
SOCKET clientSocket[1024];          //服务器记录多个客户端的套接字
int count = 0;                      //用于打印输出信息的换行
SOCKET clientSocket;                //客户端套接字
HWND hWnd;                          //窗口大小
int count = 0;                      //用于打印输出信息的换行
```

通信工具由服务器与客户端组成，其函数及调用关系如图 1-35 所示。

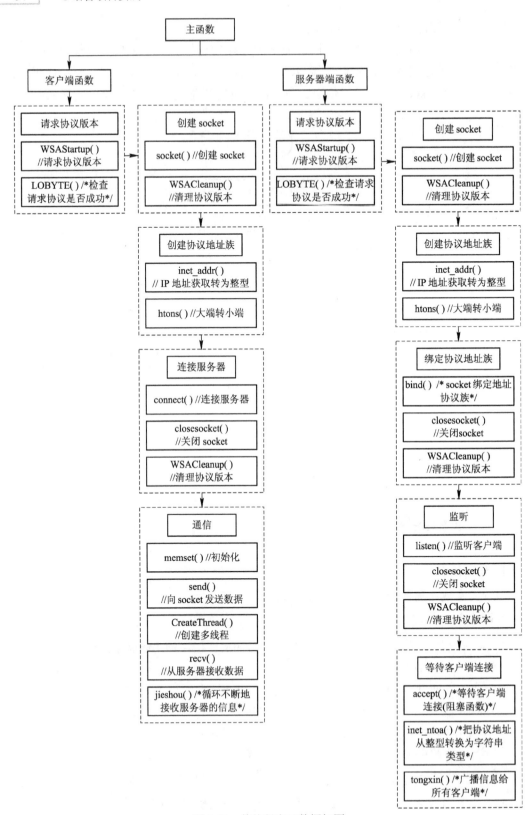

图 1-35 整体程序函数框架图

2. 关键功能的实现

(1) 通信函数(实现多人聊天室)功能伪代码。

多人聊天室功能伪代码如代码 1-17 所示，先用 buff 字符数组存放通信文字，然后用 send 函数进行循环广播发送消息。

代码 1-17 多人聊天室功能。

```
void tongxin(int idx){
    char buff[1024];                    //字符数组存放通信文字
    int r;
    while (1){
        r = recv(clientSocket[idx], buff, 1023, NULL);
        //1023 的后一位需要存放结束符号
        if (r > 0){
            buff[r] = 0;
            printf("%d:%s\n", idx, buff);        //打印信息
            //广播数据
            for (int i = 0; i < count; i++){
                send(clientSocket[i], buff, strlen(buff), NULL);
            }
        }
    }
}
```

(2) 服务器等待客户端连接功能伪代码。

服务器等待客户端连接功能伪代码如代码 1-18 所示，用循环函数不断等待客户端连接进来。

代码 1-18 服务器等待客户端连接功能。

```
while (1){
    clientSocket[count] = accept(serverSocket, (sockaddr *)&cAddr, &len);
    //阻塞函数，将程序停在这里，直到有客户端连接进来
    if (客户端连接失败){
        printf(提示失败);
        //关闭 socket
        closesocket(serverSocket);
        //清除协议信息
        WSACleanup();
        return -2;
    }
    printf(成功连接客户端);
    CreateThread(NULL, NULL, 通信,(char*)count, NULL, NULL);
    //循环创造新的线程连接客户端
    count++;
}
```

○ 实现效果

服务器和客户端连接图如图 1-36 所示。一个服务器可连接多个客户端，连接相同服务器的客户端可实现多人聊天，连接成功和失败都有文字提示，接上的服务器也将显示服务器的 IP 地址。

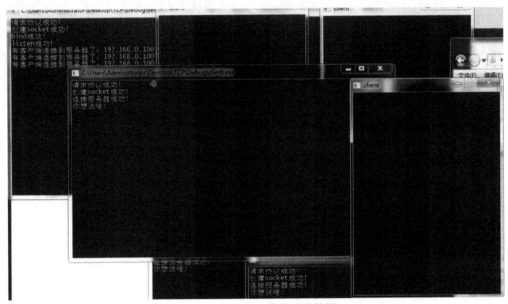

图 1-36　服务器和客户端连接图

多个客户端群聊功能如图 1-37 所示。当三个客户端连接上相同的服务器时，一个客户端发送"你好"的消息，另外两个客户端同时显示消息"你好"，每个客户端都可以发送消息和接收消息。

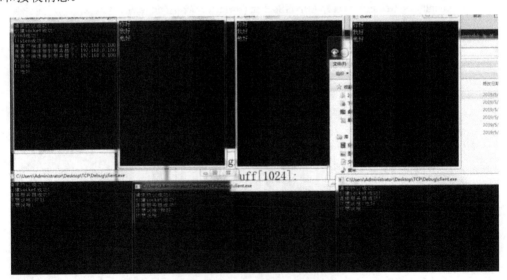

图 1-37　多个客户端群聊功能图

不足与改进

该项目在设计与实现过程中存在以下不足与可改进的地方：

(1) 目前程序相对比较简单，只是实现简单的局域网内多人聊天室，还没实现音频、图片、语音、文件等数据的传输，仅限字符传输。可添加更多的通信方式，例如图片、语音、视频、文件等。

(2) 未实现类似于微信或者 QQ 的聊天界面；可识别多个 ID，对不同的 ID 进行单独聊天，只要是连接进服务器的客户端均可以发送和接收数据，聊天的隐私安全性很低，若有重要的通信信息则可被轻易盗取。可实现注册和登录功能，类似微信和 QQ 账号，不同的 ID 连接的服务器不同，不同的 ID 之间可以添加好友，实现一个账号可跟多个账号的单独聊天。

(3) 可实现连接数据库，实现大批的 ID 管理和数据存储，可以将每一个登录的用户和聊天内容进行记录，并将用户信息记录下来以备后续使用。

第2章 小游戏类

小游戏类包含众多经典的小游戏，如扫雷、贪吃蛇、飞机大战、炸弹人、2048 小游戏、开心消消乐、俄罗斯方块、飞碟大战和坦克大战，接下来将介绍关于小游戏类中各经典小游戏的设计与实现。

项目6 扫 雷

项目简介

本项目设计的是一款大众类的益智小游戏，需在最短的时间内根据点击格子出现的数字找出所有非雷格子，格子所显示的数字就是周围地雷的数量。扫雷游戏区包括雷区、地雷计数器和计时器。雷区中随机布置一定数量的地雷，玩家需要尽快找出雷区中所有不是地雷的方块，不允许踩到地雷。

项目难度：易。

项目复杂度：简单。

项目需求

1. 基本功能

(1) 实现扫雷游戏界面与人工布雷。

(2) 实现能够自动合理地随机布雷。

(3) 实现扫雷界面可点开格子与标记雷，使用鼠标左键排雷，使用鼠标右键标插小旗记雷。

(4) 实现经典扫雷游戏运行。如果点击非雷格子，则非雷格子会自动清理并提示附近地雷个数。如果点击地雷格子，则显示所有雷。游戏具有游戏时间和积分统计，点击笑脸/哭脸(笑脸表示胜利，哭脸表示失败)会重新开始游戏。

(5) 实现扫雷游戏初级、中级、高级三种难度，各难度的区别主要在于方块矩阵的大小及所含有的地雷数量。初级为 9×9 和 10 个地雷, 中级为 16×16 和 40 个地雷, 高级为 16×30 和 99 个地雷, 难度越大格子越多, 地雷越多。

2. 拓展功能

(1) 实现六角扫雷。六角扫雷模式中每个数字代表周围 6 个六边形共有几颗地雷。
(2) 实现排行榜功能。扫雷游戏成功时, 可以根据游戏用时更新排行榜。

项目设计

1. 总体设计

根据项目的基本功能需求和游戏规则的设定, 扫雷游戏总体设计规划功能如图 2-1 所示。

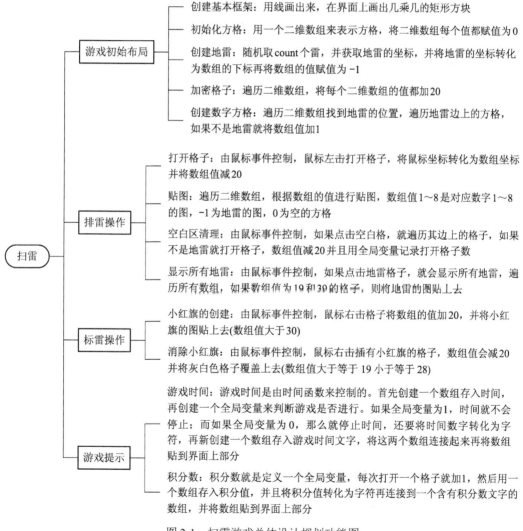

图 2-1 扫雷游戏总体设计规划功能图

具体功能设计介绍如下:

(1) 游戏初始布局。

游戏界面分为两部分，上部分显示游戏时间和积分数(打开格子数)，下部分就是要排雷的地雷区。

方法：游戏时间用时间函数，积分数则定义一个全局变量，打开一个格子就加一，记录积分数。地雷区分为数字格、空白格、地雷格。排雷框架根据游戏要求、游戏模式用线画出来，然后用二维数组存入它们对应的值。其中，地雷为 -1，其他非雷格子为 0。程序首先初始化所有数组值为 1，然后随机取若干个地雷数，并将地雷的坐标转换为数组的下标存入数组并将对应的数组值赋值为 -1。地雷数字提示通过遍历二维数组找到地雷并遍历地雷的周围，如果不是地雷就将二维数组值加 1，再将每个数组的值都加 20 进行加密操作，并将灰白色格子图贴上去(数组值大于等于 19 小于等于 28)。

(2) 排雷操作。

排雷操作由鼠标事件控制，对格子左击一次，即可打开格子。如果左击的是个地雷，则游戏结束并且显示游戏里所有地雷。

方法：排雷则将数组每个值都减 20，将密码层去掉。如果左击为一个非雷的方格(二维数组值为 20)，则自动清理空白区，并用一个递归函数递归遍历空白格周围的方块，再根据点击的方块对应的二维数组值进行贴图。如果周围的方块是未打开的方格且不是地雷的方块，则将每个值都减 20 并且记录打开格子数。如果左击的是个地雷，则游戏结束并显示所有地雷。通过遍历二维数组显示所有地雷，如果二维数组的值等于被密码覆盖的地雷(数组值为 19)和插了小红旗密码覆盖区(数组值为 39)，则将对应的图贴上。

(3) 标雷操作。

标雷操作由鼠标事件控制，对格子右击密码覆盖区一次，即可用小红旗标记为地雷。

方法：标记地雷时，如果右击密码覆盖区，则将二维数组值都加 20，如果再右击的是密码覆盖区且还是插了小红旗的(数组值大于 30)，则将二维数组的值减 20，再根据右击方块对应的二维数组的值进行贴图。

(4) 游戏提示。游戏提示包括游戏时间提示和积分数提示。

游戏时间由时间函数进行控制实现，积分数通过定义一个全局变量进行实现。当点击到的方块是地雷时，则游戏失败；当点开了所有除了地雷的格子时，则游戏胜利。

方法：游戏时间需要首先创建一个数组存入时间，再创建一个全局变量，来判断游戏是否进行，如果全局变量为 1，时间就不会停止，而如果全局变量为 0，那么就停止时间。积分数则定义一个全局变量，每次打开一个格子就加 1，同时用一个数组存入积分值。游戏胜负则通过定义一个游戏输赢的全局变量来实现，如果点击的是地雷，则全局变量变为 0。所以，只需要判断全局变量是否为 0，如果全局变量为 0，则停止游戏，并且显示游戏里所有的雷。游戏胜利则判断所有除了地雷的格子是否已经全部打开，即用所有格子数减去雷数是否等于打开的格子数，如果等于，则游戏胜利，游戏时间停止并结束游戏。

扫雷的功能设计有以下几处难点：

(1) 当点击空白区的方格时会自动打开周边不为地雷的方格，需定义成一个递归函数来实现。

(2) 当点击到地雷，包括插了小红旗的雷的方格时，会显示所有雷。

(3) 当玩家点击到地雷而使游戏结束时，点击哭脸可重新开始游戏，需要初始化游戏结束时的时间、积分和游戏运行的常数，否则游戏会一直停留在失败的状态。

2. 关键功能的设计

(1) 打开格子功能。

因原来每个格子的二维数组值都进行加 20 的加密操作，所以当鼠标左击打开格子时，先将该格子的数值减 20 进行解密操作，然后根据判断(数组值 −1 为雷、数组值 1～8 为数字 1～8、数组值 0 为空方格)进行相应的贴图。当数组值为 −1(地雷)时，游戏结束。当数组值为 0～8 时，游戏继续。贴图过程中，可将数组值的下标转化为鼠标坐标进行相应界面位置的贴图。如图 2-2 所示，黑点的位置数组下标为 map[i][j] = map[4][5]，转化的对应鼠标坐标为 x = (j-1)*LENTH，y = (i-1)*LENTH+50。打开格子功能设计流程如图 2-3 所示。

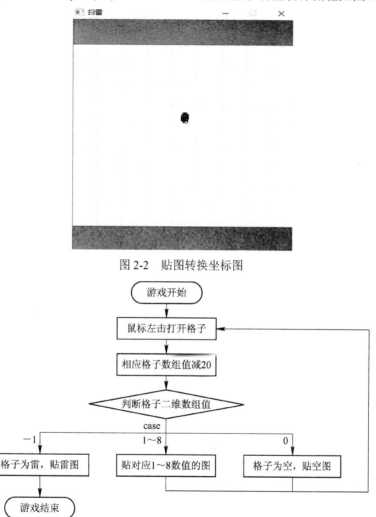

图 2-2　贴图转换坐标图

图 2-3　打开格子功能设计流程图

(2) 清理空白区功能。

鼠标左击打开格子，如果打开格子的二维数组的值为 0，即空白区，则遍历空白区周围的格子。如果周围格子数组的值不为 19 并且大于 8，即不是地雷且未打开的方格，则将周围格子的数组值减 20 进行解密操作，并且根据数组值贴对应的图，遍历二维数组直到遇到地雷跳出遍历，从而实现自动清理空白区。清理空白区功能设计流程如图 2-4 所示。

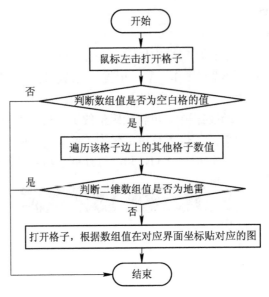

图 2-4　清理空白区功能设计流程图

项目实现

1. 程序框架

该项目实现所需要的全局变量需要定义游戏的雷数初始化、格子初始化、输赢初始化、计时器初始化等，方便数据共享。全局变量定义如代码 2-1 所示。

代码 2-1　扫雷游戏全局变量。

```
int count=10;                          //雷数
int row=9;                             //初级行
int col=9;                             //初级列
int LENTH =40;                         //初级和中级宽度
int map[42][42];                       //数组存数据
int flag=0,i,j;                        //全局变量
int refresh=0;                         //重新游戏
int t=1;                               //判断游戏
char statusbarText[100]={""};          //状态栏文字
char tempStr[50]={""};                 //记录时间
char statusbarText1[100]={""};         //积分文字
char tempStr1[50]={""};                //记录积分
char gameStatus=1;                     //游戏的状态,1 表示运行中,0 表示结束
long long second=0;                    //计时器
void gameinit(int row,int col,int count)   //将所有数组的值都初始化为 0
```

该项目需要通过鼠标事件实现扫雷操作，并通过时间事件实现游戏积分与计时操作，其函数及调用关系如图 2-5 所示。

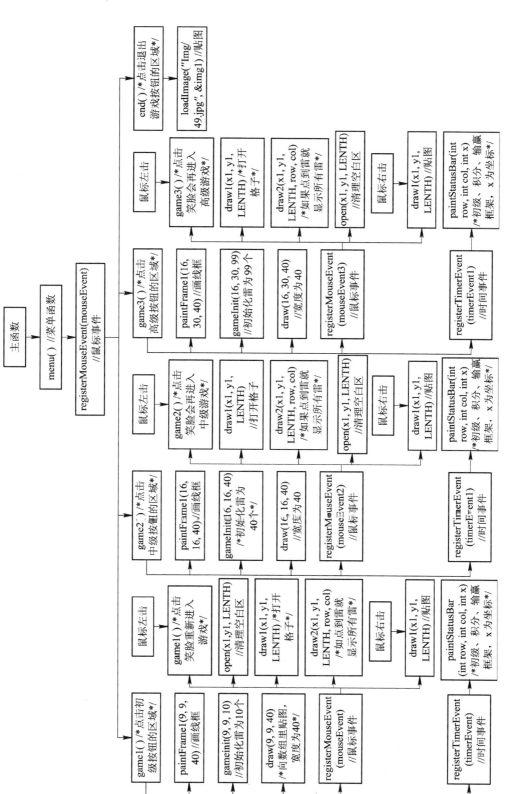

图 2-5 整体程序函数框架图

2. 关键功能的实现

(1) 打开格子功能伪代码。

点击的格子的数值减去 20 变成不是加密的格子就完成了打开格子的功能。打开格子功能伪代码如代码 2-2 所示。

代码 2-2   打开格子伪代码。

```
/*打开格子伪代码
初始化扫雷二维数组值：数组值 -1 为雷、1～8 为数字 1～8、0 为空方格、19～28 为加密格*/
if(判断是否点击格子)
{
    二维数组的值减 20(打开格子解密);
    if(数组值)
    {
        根据数组值在对应界面坐标贴对应的图
    }
}
```

(2) 清理空白区功能伪代码。

实现这个功能就是一个简单的算法，遍历点击的格子的周边格子如果是加密格且不是雷，就打开该格子。清理空白区功能伪代码如代码 2-3 所示。

代码 2-3   清理空白区伪代码。

```
/*清理空白区伪代码
初始化扫雷二维数组值：数组值 -1 为雷、1～8 为数字 1～8、0 为空方格、19～28 为加密格*/
if(判断是否点击格子)
{
    if(是否为空白格)
    {   //遍历空白格边上的方格
        for(空白格行边上的)
        {
            for(空白格列边上的)
            {
                if(是否为加密的方格且不是雷)
                {
                    根据数组值在对应界面坐标贴对应的图
                }
            }
        }
    }
}
```

实现效果

游戏开始界面如图 2-6 所示。

图 2-6　游戏开始界面

初级模式为 9×9 个格子和 10 个地雷，如图 2-7 所示。

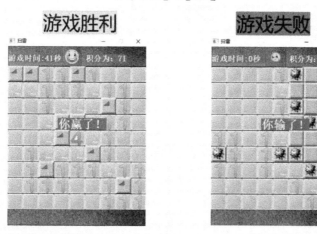

图 2-7　初级模式

中级模式为 16×16 个格子和 40 个地雷，如图 2-8 所示。

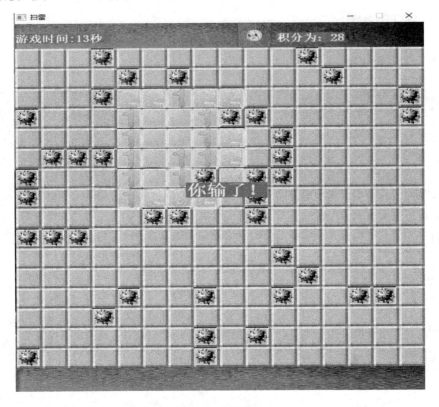

图 2-8　中级模式

高级模式为 16×30 个格子和 99 个地雷，如图 2-9 所示。

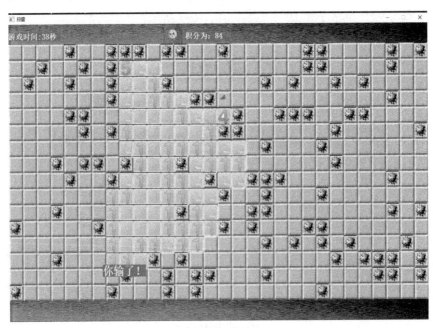

图 2-9　高级模式

不足与改进

该项目在设计与实现过程中存在以下不足与可改进的地方：

(1) 游戏选择不同模式功能会创建新的不同窗体，所以需优化游戏窗体，使在整个游戏过程中只创建一个窗体，可在一个窗体里进行游戏的所有模式功能。

(2) 可提高游戏类型的丰富性，增加一些其他模式，如三角扫雷、六角扫雷等。

(3) 可优化扫雷提示，实现 AI 扫雷提示，点击扫雷提示可提示点击哪个方格不是雷，辅助玩家完成扫雷，打破僵局。

(4) 游戏可适当添加音乐背景。

项目 7　贪　吃　蛇

项目简介

本项目设计的是一款使用方向键操控一条不断变长的蛇吃豆子的游戏。蛇的身长会随着吞入的豆子数量的增加而不断变长，在游戏过程中，蛇头不能碰撞到墙壁或自己的身体。随着蛇的身长增加，游戏的难度也相对变高，每吞下一颗豆子就能得到一定的积分，不断吞下豆子可获得更高的积分。

项目难度：适中。

项目复杂度：适中。

项目需求

1. 基本功能

(1) 实现蛇的移动操作，吃豆子后身长不变，固定为 1 个格子。

(2) 实现蛇吃豆子(食物)后身长变长，固定为 10 个格子。

(3) 实现经典贪吃蛇游戏，蛇头撞到身体后游戏结束。

(4) 在经典贪吃蛇基础上，实现吞下特殊豆子(有毒食物)后蛇的身长会变短的功能。

(5) 在经典贪吃蛇基础上设置部分障碍物。

2. 拓展功能

(1) 实现联机对战贪吃蛇，可两人联机操作。

(2) 实现智能贪吃蛇，计算机自行玩贪吃蛇。

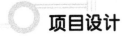

项目设计

1. 总体设计

根据项目的基本功能需求和游戏规则的设定,贪吃蛇总体设计规划功能如图2-10所示。

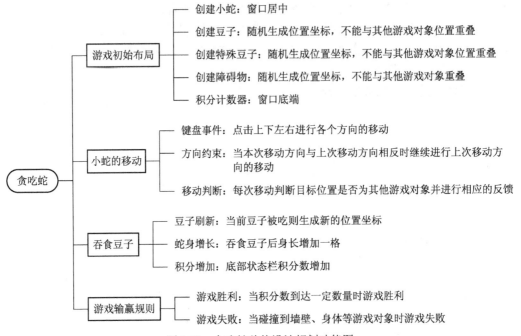

图 2-10 贪吃蛇总体设计规划功能图

具体功能设计介绍如下:

(1) 游戏初始布局。

小蛇位置坐标以窗口中心为起点,身体往上依次排列,豆子随机刷新在界面中,豆子的位置与蛇身不重叠,随机生成障碍物,并且障碍物不与蛇头、蛇身、豆子相重叠。

方法:通过计算小蛇初始化在窗口中心处,生成豆子、障碍物等游戏对象时,判断是否与其他游戏对象重叠,若重叠则重新生成位置坐标。

(2) 小蛇的移动。

通过键盘调用函数进行小蛇移动等操作,首先按下空格键以开始游戏,按下上下左右键可以让小蛇进行各个方向的移动操作,但不能与上次移动的方向相反,如果按下的键盘方向与上次移动方向相反,则移动方向不变。

方法:通过键盘事件和定时器实现小蛇的移动控制,当小蛇进行反方向移动时,继续进行上次移动方向的移动,同时设置一个变量控制游戏的状态,按下空格键则改变游戏状态。

(3) 吞食豆子。

小蛇经过豆子的位置后会吃下豆子,并且豆子会被刷新到一个新的位置,底部状态栏的积分数会增加,直到积分总数达到目标分数。

方法:设置一个记录分数的全局变量,当小蛇吃到豆子时增加。

(4) 游戏输赢规则。

在游戏过程中如果撞到墙壁或蛇身,则结束游戏,获得一定的积分数后即可赢得游戏。

方法:当小蛇撞到其他游戏对象时将记录状态的变量赋值为 0,然后判断游戏状态变量是否为 0,若是则结束游戏。

贪吃蛇的功能设计有以下几处难点:

(1) 判断各种游戏对象(小蛇、障碍物和豆子)是否相互重叠,可通过定义一个函数判断两个矩形是否存在相互重叠。

(2) 小蛇移动时,应判断下一次小蛇的位置,当碰到各种游戏对象(身体、墙壁、食物)时应进行相应的操作。

(3) 对游戏的状态、时间、积分数等数据进行记录,并且将数据显示在底部状态栏上。

(4) 各种事件的合理使用,事件包括键盘事件和定时器事件。比如,小蛇和豆子可由定时器事件控制;小蛇的移动可由人为输入的键盘控制,也可以由定时器事件和随机产生的键盘状态参数控制。

2. 关键功能的设计

(1) 小蛇移动功能。

在小蛇移动时先清除小蛇尾部图片,再将身体各个部分的坐标依次赋值给下一个身体各个部分的坐标,然后将小蛇头部坐标赋值给第一个身体,头部根据键盘输入方向移动,最后将小蛇整体绘制出来。当蛇头碰到障碍物时,游戏结束。当蛇头吃到豆子时,增加小蛇身体的长度。小蛇移动功能设计流程如图 2-11 所示。

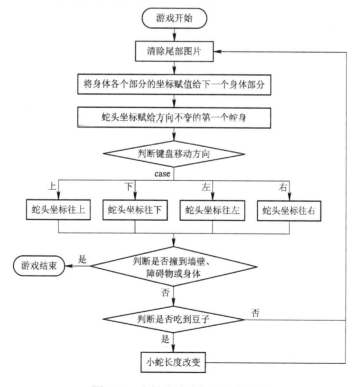

图 2-11　小蛇移动功能设计流程图

(2) 障碍物判断功能。

每一次小蛇移动都需要进行判断，当小蛇与其他游戏对象重叠时完成相应的反馈。当蛇头目标位置无其他游戏对象时，小蛇继续进行下一次移动。当小蛇目标位置是墙壁、身体或障碍物时，游戏结束。同时，遍历小蛇身体各个部分，如果小蛇身体位置是墙壁、身体或障碍物时，游戏结束。障碍物判断功能设计流程如图 2-12 所示。

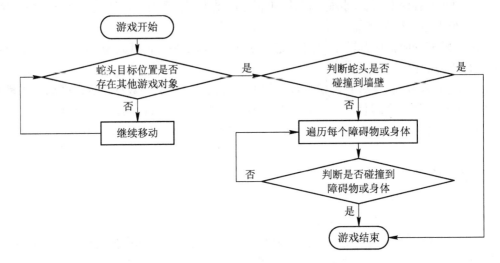

图 2-12   障碍物判断功能设计流程图

项目实现

1. 程序框架

该项目实现所需要的关键结构体、变量或常量定义如下：

(1) 全局变量。

游戏全局变量定义如代码 2-4 所示，游戏目标分数设置为 100，初始分数为 0，并且定义了偏移量数组分别表示上下左右和静止，除此之外还定义了一系列背景界面及文字、图标等常量。

代码 2-4   游戏全局变量定义。

```
int si=0;                    //循环变量
int flag = 100 ;             //目标分数
int grade=0;                 //分数
char lastMove = VK_DOWN;     //记录上次移动方向
int gameStatus = 0;          //游戏状态
char move = VK_DOWN;
//VK_UP:向上，VK_DOWN：向下，VK_LEFT：向左，VK_RIGHT：向右，0：没有移动
```

```
ACL_Image bg;                    //背景图
ACL_Image wall;                  //墙壁图
ACL_Image cover;                 //覆盖图
long long second=0;              //计时器
char statusbarText[50]={""};     //状态栏文字
char tempStr[50]={""}; typeSnake Snake;
//小蛇  long long second=0; //计时器
char statusbarText[50]={""};     //状态栏文字
char tempStr[50]={""};
```

(2) 小蛇结构体。

小蛇结构体定义如代码 2-5 所示，定义了小蛇的坐标、长宽等参数，设置了固定的图片来表示小蛇的位置，储存了小蛇身体各个节点的信息，并且定义了小蛇的生命状态变量。

代码 2-5 小蛇结构体定义。

```
//小蛇结构体
struct tSnake{
    int x;                       //x 坐标
    int y;                       //y 坐标
    int lenth;                   //长度
    int width;                   //宽度
    int height;                  //高度
    ACL_Image pic;               //图片
    typeBody body[20*20];        //身体信息
    int life;                    //是否存活：0 表示没有生命，1 表示有生命
};
typeSnake Snake;                 //小蛇
```

(3) 小蛇身体结构体。

小蛇身体结构体定义如代码 2-6 所示，储存了小蛇的身体坐标、身体大小以及图片的信息。

代码 2-6 小蛇身体结构体定义。

```
struct tBody{                    //身体结构体
    int x;                       //x 坐标
    int y;                       //y 坐标
    int width;                   //宽度
    int height;                  //高度
    ACL_Image pic;               //图片
};
```

(4) 普通食物结构体。

普通食物结构体定义如代码 2-7 所示，储存了普通食物的位置坐标、食物大小以及图片的信息。

代码 2-7 普通食物结构体定义。

```
struct Food{                    //普通食物结构体
    int x;                      //当前 x 坐标
    int y;                      //当前 y 坐标
    int width;                  //宽度
    int height;                 //高度
    ACL_Image pic;              //图片
};
typeFood Food;                  //普通食物
```

(5) 有毒食物结构体。

有毒食物结构体定义如代码 2-8 所示，储存了有毒食物的位置坐标、食物大小以及图片的信息。

代码 2-8 有毒食物结构体定义。

```
struct sFood{                   //有毒食物结构体
    int x;                      //当前 x 坐标
    int y;                      //当前 y 坐标
    int width;                  //宽度
    int height;                 //高度
    ACL_Image pic;              //图片
};
typeSFood sFood;                //有毒食物
```

(6) 墙壁结构体。

墙壁结构体定义如代码 2-9 所示，储存了墙壁的位置坐标、墙壁大小以及图片的信息。

代码 2-9 墙壁结构体定义。

```
struct tWall{                   //墙壁结构体
    int x;                      //x 坐标
    int y;                      //y 坐标
    int width;                  //宽度
    int height;                 //高度
    ACL_Image pic;              //图片
};
typeWall Wall[20*20];           //墙壁
```

该项目需要通过键盘事件和定时器事件来控制小蛇的移动操作，其函数及调用关系如图 2-13 所示。

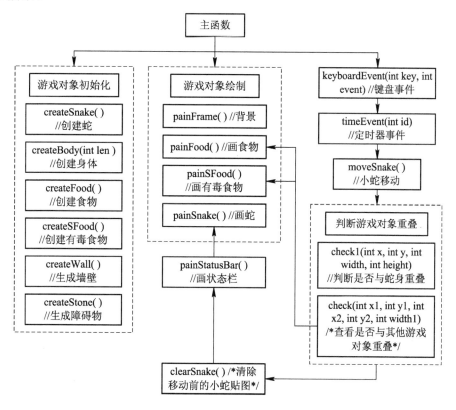

图 2-13　整体程序函数框架图

2. 关键功能的实现

(1) 移动操作功能伪代码。

各个部分的坐标依次向前移动一格，蛇头坐标根据键盘输入的方向改变。如果小蛇撞到墙壁、障碍物或身体，则生命值变为 0。如果小蛇吃到豆子或特殊豆子，则长度增加并且积分数增加。移动操作功能伪代码如代码 2-10 所示。

代码 2-10　移动操作功能伪代码。

```
//小蛇移动功能实现伪代码
小蛇生命初始化为 1
clearSnake();                //覆盖小蛇尾部图片
for(i=身体长度; i>0; i--){
    将身体各个部分的坐标赋值给下一个身体各个部分
}
蛇头坐标赋值给第一个蛇身
if(判断键盘移动方向){
    根据方向改变蛇头坐标
```

```
    }
    if(判断是否撞到墙壁、障碍物或身体){
        小蛇生命值赋值为 0;
    }
    if(判断是否吃到豆子或特殊豆子){
        小蛇长度改变
        积分数增加
    }
```

(2) 障碍物判断功能伪代码。

判断小蛇移动的目标位置是否存在其他游戏对象，并对其进行相应处理。如果不存在其他游戏对象，则可直接进行移动；如果存在，则需要判断碰到的游戏对象是墙壁、障碍物还是身体，并根据碰撞情况进行生命值的变化。如果蛇头撞到了墙壁，则小蛇的生命值变为 0，否则遍历每个障碍物或身体来判断是否碰撞。障碍物判断功能伪代码如代码 2-11 所示。

代码 2-11　障碍物判断功能伪代码。

```
//判断移动目标位置的游戏对象
小蛇移动到目标位置
判断小蛇蛇头是否与其他游戏对象重叠
if(不存在其他游戏对象){
    进行下一次移动
}else if(存在其他游戏对象){
    if(蛇头撞到墙壁){
        小蛇生命值赋值为 0
    }
    for(遍历每个障碍物或身体){
        if(碰撞到其中一个障碍物或身体){
            小蛇生命值赋值为 0
        }
    }
}
```

实现效果

小蛇初始化在窗口中心，如图 2-14 所示，食物和障碍物随机生成在窗口中，不与其他游戏对象重叠，底部状态栏显示游戏耗时、积分数以及通关条件。

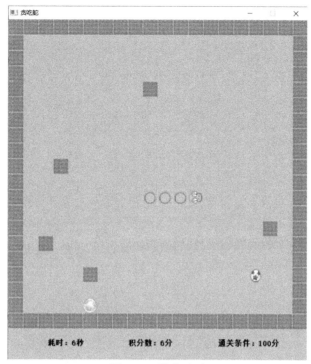

图 2-14　游戏界面

吃到食物时小蛇身体增长，并且下方状态栏积分数加 10，如图 2-15 所示。

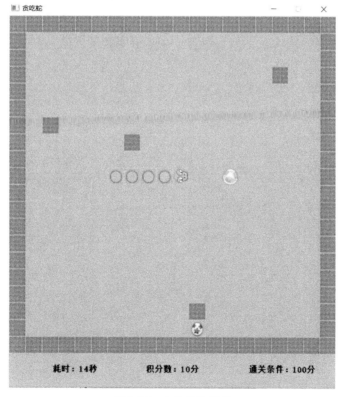

图 2-15　小蛇身体增长

小蛇撞到除食物外的其他游戏对象时游戏结束，如图 2-16 所示。

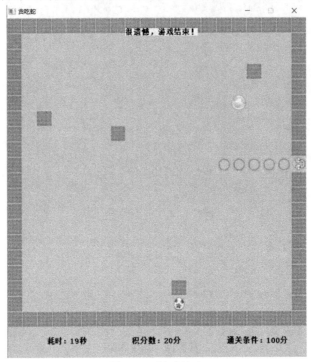

图 2-16 游戏结束

游戏积分数到达通关条件时游戏胜利，如图 2-17 所示。

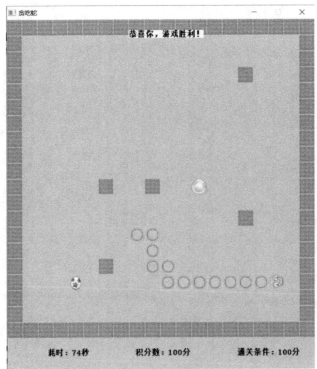

图 2-17 游戏胜利

不足与改进

该项目在设计与实现过程中存在以下不足与可改进的地方：

(1) 为了避免在执行较为频繁的函数内定义太多局部变量，占用太多内存空间，定义了大量的全局变量，导致增加了程序的复杂性和排错难度。

(2) 小蛇身体移动不太美观，只实现了小蛇的头部会根据移动方向进行不同的贴图。

(3) 游戏模式与玩法比较单一，可加入游戏模式菜单界面，增加游戏难度，并实现更加丰富的游戏功能，如手动增加移动速度等玩法。

项目 8　飞　机　大　战

项目简介

本项目设计的是一款飞机对战的小游戏。我方一架飞机对战敌方多架飞机，双方飞机均可以移动，也可以发射子弹，并且对战空间还有若干障碍物。游戏可以根据开发者的兴趣自由设定具体规则和玩法。

项目难度：适中。

项目复杂度：适中。

项目需求

1. 基本功能

(1) 制作背景图并让背景图循环播放，我方飞机可以自由移动，并发射子弹。

(2) 随机生成障碍物和敌方飞机并至上而下移动。

(3) 敌方飞机随机发射子弹，子弹击中障碍物或飞机则消除。

(4) 双方飞机有生命和得分，随着杀死的敌人数量增加而敌方飞机血量变多，我方飞机子弹威力也跟着增加。

(5) 敌方飞机能跟踪我方飞机，游戏结束后能重新开始。

2. 拓展功能

(1) 可两人联机操作对战。

(2) 可通过游戏布局、各种游戏参数等设定不同难度层次的关卡进行闯关，提升游戏的趣味性。

项目设计

1. 总体设计

根据项目的基本功能需求和游戏规则的设定，飞机大战总体设计规划功能如图 2-18 所示。

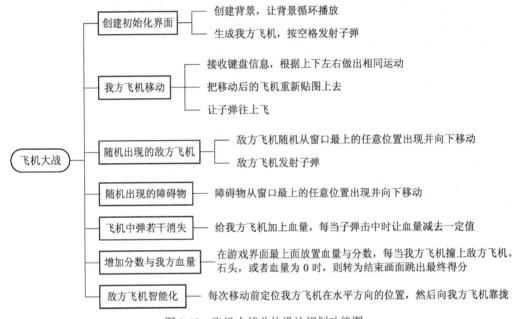

图 2-18　飞机大战总体设计规划功能图

具体功能设计介绍如下：

(1) 创建初始化界面。

我方飞机处于窗口下方的中间位置，敌方飞机和障碍物在上方随机生成。

方法：通过坐标的计算将我方飞机生成在指定位置，敌人和障碍物随机生成则使用随机函数生成坐标，再使用判断两个矩形是否重叠这一方法来确保敌人和障碍物不会重叠。

(2) 我方飞机移动。

飞机可以通过用键盘的上下左右方向键控制其往上下左右方向移动，障碍物和敌方飞机往下飞，敌方飞机在往下飞的同时在水平方向上向我方飞机靠拢。我方飞机子弹的发射由空格键控制，按下空格键一次，即可发射一颗由我方飞机飞出往上方方向的子弹，敌方飞机子弹随机向下发射。

方法：实现我方飞机移动需要利用键盘事件和定时器事件来完成，障碍物的运动则只需要依靠定时器事件来完成。敌方飞机在每次运动时都需要获取我方飞机此时的水平位置，并且往我方飞机位置靠拢，同时要进行判定确保敌方飞机不会重叠在一起。我方子弹的发射利用键盘事件实现，然后利用定时器来让子弹不断往上飞。当按下空格键时，获取此时我方飞机的坐标值，来确定我方子弹从哪里发出。敌方飞机子弹随机发射可在时间函数里面设定一个值，到达这个时间值则发射子弹，同时子弹数量的随机也可用随机函数生成。

(3) 飞机中弹若干消失。

当敌方飞机被我方飞机子弹击中多次时，敌方飞机死亡。

方法：敌方飞机拥有生命值条，当我方子弹每次击中敌方飞机时进行击中判定，扣一定敌方飞机的生命值，当敌方飞机生命值被集中多次变为 0 时，此架敌方飞机死亡消失。

(4) 增加分数与我方血量。

当我方飞机被击中多次死亡时，游戏结束。

方法：我方飞机拥有生命值条，每次被敌方飞机子弹击中一次则扣一条命。当生命值扣完或者撞到敌方飞机和障碍物时，游戏结束。

飞机大战的功能设计有以下几处难点：

(1) 各种游戏对象(飞机、障碍物和子弹)相互之间判断是否重叠，该功能可转换成判断两个矩形是否存在重叠。

(2) 各种事件的合理使用，事件包括键盘事件和定时器事件。比如，敌方飞机和子弹由定时器事件控制，我方飞机移动由键盘事件控制，状态参数由键盘事件和定时器事件控制。

(3) 敌方飞机在移动前需要确定我方飞机在水平面上的位置然后向我方飞机靠拢移动。

2. 关键功能的设计

(1) 敌方飞机出现功能。

先通过随机生成函数随机生成敌方飞机数量，然后根据飞机数量循环遍历生成敌方飞机及其坐标参数。同时判断生成的敌方飞机的坐标是否与其他游戏对象重叠，如果重叠则重新生成敌方飞机。当生成的敌方飞机数量达到生成的数值时，则停止生成敌方飞机。敌方飞机出现功能设计流程如图 2-19 所示。

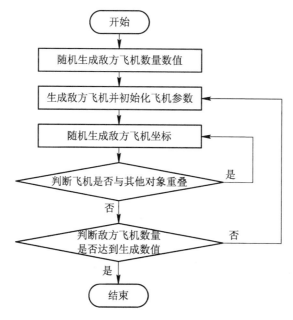

图 2-19　敌方飞机出现功能设计流程图

(2) 敌方飞机移动功能。

判断是否存在敌方飞机并遍历每台敌方飞机,然后更改每台敌方飞机的垂直方向坐标,同时敌方飞机水平方向坐标不断往我方飞机的坐标靠拢。如果敌方飞机超出边界,则敌方飞机消失。如果敌方飞机移动到我方飞机位置,则我方飞机血量置为 0 并结束游戏。敌方飞机移动功能设计流程如图 2-20 所示。

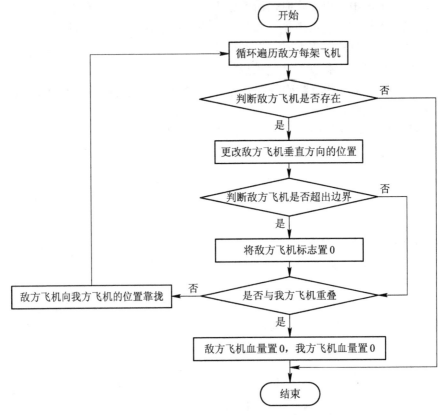

图 2-20　敌方飞机移动功能设计流程图

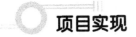 **项目实现**

1. 程序框架

该项目实现所需要的关键结构体、变量或常量定义如下:

(1) 我方飞机结构体。

我方飞机需要确定位置生命并判定是否超出边界,同时飞机应该具有体积的像素点,由这些点可得结构体内需要哪些值。我方飞机结构体定义如代码 2-12 所示。

代码 2-12　我方飞机结构体定义。

```
struct plane{          //我方飞机
    int x;             //x 坐标
    int y;             //y 坐标
```

```
    int life;                        //飞机生命
    int width;                       //飞机宽度
    int height;                      //飞机高度
    ACL_Image pic;                   //飞机图片
};
typePlane Plane;                     //我方飞机
```

(2) 敌方飞机结构体。

由于敌方飞机生命会随着时间增加而增加，因此需要确定它的最大生命值与当前生命值，同时根据自己的需求增加所需变量。敌方飞机结构体定义如代码 2-13 所示。

代码 2-13 敌方飞机结构体定义。

```
    struct enemy{                    //敌方飞机
    int x;                           //x 坐标
    int y;                           //y 坐标
    int width;                       //敌方飞机宽度
    int height;                      //敌方飞机高度
    int life;                        //敌方飞机生命
    int flag;                        //对敌方飞机进行标记
    int hp;                          //敌方飞机最大血量
    ACL_Image pic;                   //敌方飞机图片
};
typeEnemy Enemy[ENEMY_MAXNUM];       //敌方飞机
```

(3) 子弹结构体。

需要确定子弹具有哪些属性值，是否需要对它进行修改，确定好后进行编写。子弹结构体定义如代码 2-14 所示。

代码 2-14 子弹结构体定义。

```
    struct bullet{                   //子弹
    int x;                           //x 坐标
    int y;                           //y 坐标
    int width;                       //子弹宽度
    int height;                      //子弹高度
    int power;                       //子弹威力
    int flag;                        //子弹标记
    ACL_Image pic;                   //子弹图片
};
typeBullet Bullet[BULLET_MAXNUM];          //我方子弹
typeBullet EnemyBullet[BULLET_MAXNUM];     //敌方子弹
```

(4) 石头(障碍物)结构体。

对于石头(障碍物)所有的属性值进行确定，并将其包装成一个整体以进行统一的修改和管理。石头结构体定义如代码 2-15 所示。

代码 2-15   石头结构体定义。

```
struct stone{                              //石头
    int x;                                 //x 坐标
    int y;                                 //y 坐标
    int flag;                              //石头标记
    int width;                             //石头宽度
    int height;                            //石头高度
    ACL_Image pic;                         //石头图片
};
typeStone stone[STONE_MAXNUM];             //石头
```

该项目需要通过键盘事件控制我方飞机的移动和子弹发射操作，并通过定时器事件控制敌方飞机的移动和子弹发射，其函数及调用关系如图 2-21 所示。

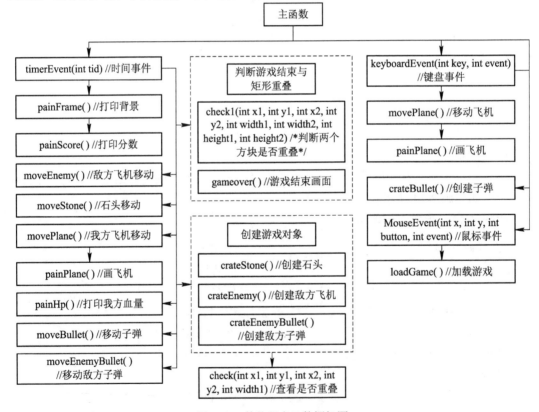

图 2-21   整体程序函数框架图

2. 关键功能的实现

(1) 敌方飞机出现功能伪代码。

首先需要确定一次出现多少架飞机并统一对这些飞机进行赋值，同时不要出现飞机位置重叠的现象。敌方飞机出现功能伪代码代码如 2-16 所示。

代码 2-16 敌方飞机出现功能伪代码。

```
随机生成敌方飞机数量数值;
for(生成敌方飞机数量数值)
{
    给敌方飞机设置初始参数;
    while(1){
        随机生成敌方飞机的坐标
        for(每架敌方飞机)
        {
            if(敌方飞机存在并且位置重叠){
                令标志为 1;
                退出 for 循环;
            }
        }
        for(每个障碍物)
        {
            if(障碍物存在并且与敌方飞机位置发生重叠){
                令标志为 1;
                退出 for 循环;
            }
        }
        if(标志为 0){
            退出 while 循环;
        }
    }
    确定敌方坐标;
}
```

(2) 敌方飞机移动功能伪代码。

这里我们需要敌方飞机持续追踪我方飞机进行运动,因此需要确定我方飞机的位置并计算下一步移动的位置。在敌方飞机进行移动时,需要判断敌方飞机的存在与毁灭,这里需要使用多个 if 语句来进行不同情况下的判断。敌方飞机功能伪代码如代码 2-17 所示。

代码 2-17 敌方飞机移动功能伪代码。

```
for(每架敌方飞机)
{
    if(敌方飞机存在){
        更改敌方飞机竖直方向的位置;
```

```
        if(敌方飞机位置超出边界){
            将敌方飞机标志置 0;
        }
        if(与我方飞机重叠){
            将敌方飞机标志置 0;
            我方飞机血量置 0;
            取消时间函数,游戏结束;
        }
        for(敌方飞机)
        {
            if(敌方飞机水平位置在我方飞机左侧且与其他飞机不重叠){
                标志置 3;
            }
            else if(敌方飞机水平位置在我方飞机右侧且与其他飞机不重叠{
                标志置-3;
            }
            if(敌方飞机的水平位置发生重叠){
                标志置 0;
                退出循环;
            }
            if(标志为 3) {
                敌方飞机向右移动;
            }
            if(标志为-3) {
                敌方飞机向左移动;
            }
        }
    }
}
```

🔑 实现效果

　　游戏开始时,敌方飞机和障碍物在随机位置生成,我方飞机在窗口的正中间,状态栏在上方显示得分和我方飞机生命值,如图 2-22 所示。

　　我方以及敌方飞机可以发射子弹,当我方飞机子弹击中敌方飞机时会有不同的效果,如图 2-23 所示。

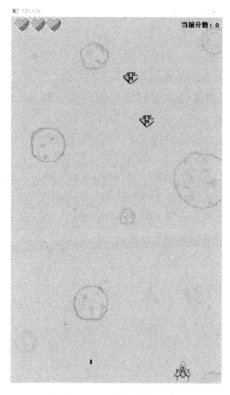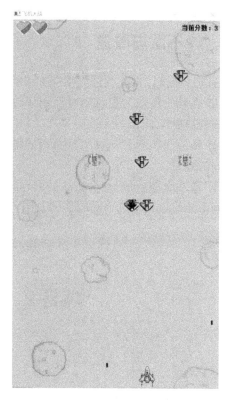

图 2-22　游戏开始界面　　　　　　　　　图 2-23　游戏中画面

当我方飞机被敌方飞机的子弹击中到一定次数后，游戏结束并跳出游戏结束画面及展示最终分数，如图 2-24 所示。

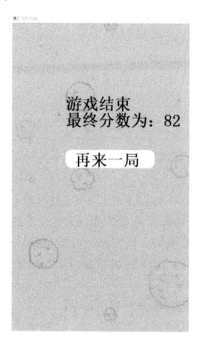

图 2-24　游戏结束画面

不足与改进

该项目在设计与实现过程中存在以下不足与可改进的地方：

(1) 在判定游戏对象移动时运用了较多相似的代码，可对这些代码进行整体的优化，让代码变得更加简洁。

(2) 敌方飞机只有一种比较单调的游戏模式，可以设置多种类型的飞机，不同的飞机有不同的效果。

(3) 游戏玩法较单一，我方飞机只能一次次地按空格键发射子弹，可以增加一些道具，当拾到不同的道具时有不同的加强效果，也可以设一个充能条，当充能条满时能拥有大招。

项目 9　炸 弹 人

项目简介

本项目设计的是一款通过控制炸弹人放置的炸弹来消灭敌人的小游戏。玩家通过键盘操控自身炸弹人的位置，从而躲避敌方炸弹人释放的炸弹，在对战空间中还有若干个障碍物可让玩家进行炸弹躲避，同时玩家也可用炸弹将敌方炸弹人消灭。游戏可以根据开发者的兴趣自由设定具体规则和玩法。

项目难度：适中。

项目复杂度：适中。

项目需求

1. 基本功能

(1) 可以随机创建若干个敌方炸弹人和若干个固定障碍物，玩家炸弹人可以自由移动。

(2) 按空格键可以使玩家炸弹人释放炸弹，玩家放置的炸弹可以设置一个炸弹爆炸时间以及炸弹爆炸范围，爆炸范围用火焰表示，敌方炸弹人被玩家放置的炸弹炸到后会消失。当玩家消灭了所有敌人后，游戏胜利。否则，在玩家被敌方炸弹炸到一定次数后，游戏失败。

(3) 敌方炸弹人可以绕开障碍物进行自由移动。

(4) 敌方炸弹人再设定好的时间内放置炸弹，敌方炸弹人会自动躲避玩家炸弹人炸弹。

(5) 设置状态栏，包括游戏时间、玩家生命、敌人数量。

2. 拓展功能

(1) 可以通过游戏布局、各种游戏参数等设定不同难度层次的关卡，进行闯关，提升游戏的趣味性，设置初级、中级、高级三种难度。

(2) 会在一定时间段随机在地图某个地点生成道具，当坑家炸弹人捡取道具后，玩家炸弹人具备更加强大的能力，例如可以连续释放两个炸弹。

(3) 实现智能炸弹人，计算机自行操控炸弹人。

项目设计

1. 总体设计

根据项目的基本功能需求和游戏规则的设定,炸弹人总体设计规划功能如图 2-25 所示。

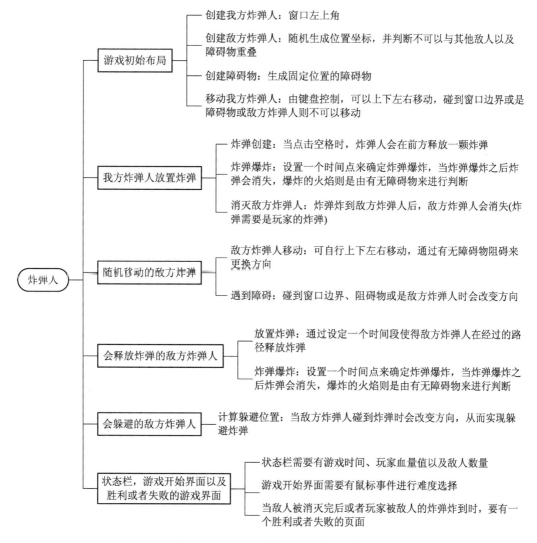

图 2-25　炸弹人总体设计规划功能图

具体功能设计介绍如下：

(1) 游戏初始布局。

设置玩家处于窗口左上角、敌方炸弹人随机分布、固定障碍物若干个，敌人和障碍物的初始位置互不重叠。

方法：障碍物分布位置使用设定计算的坐标，敌人随机分布位置则使用随机函数生成的坐标，再使用判断两个矩形是否重叠这一方法来判断敌人和障碍物是否重叠。

(2) 我方炸弹人放置炸弹/会释放炸弹的敌方炸弹人。

玩家通过空格键控制炸弹放置，当按下空格键时，炸弹人会在前面释放一颗炸弹并且在一定时间内爆炸，炸弹爆炸的范围根据障碍物来改变形状。在该范围内被炸到的敌方炸弹人会被消灭消失，同时敌方炸弹人也会在一定时间段内释放一颗炸弹。玩家炸弹不会对玩家自身造成伤害，同样敌人的炸弹不会对敌人造成伤害。

方法：首先利用键盘事件实现玩家放置炸弹，然后通过设置全局变量定时器函数来实现炸弹爆炸，爆炸时的火焰形状利用两个矩形是否重叠的方法进行判断，爆炸后的炸弹清除可以通过图片或者矩形进行覆盖。若有敌人经过玩家炸弹火焰，则敌人也会被清除。敌人放置炸弹也是使用全局变量定时器函数实现的。玩家不被自己炸弹炸到或敌人不被自己炸弹炸到则是在炸弹爆炸生成火焰时判断玩家或敌人是否在炸弹旁边，从而不在所在位置生成火焰。

(3) 随机移动的敌方炸弹人/会躲避的敌方炸弹人。

玩家可以使用键盘的上下左右方向键控制自身炸弹人移动，而敌方炸弹人可自行上下左右移动，并会绕开障碍物。

方法：首先利用键盘事件以及定时器函数实现玩家炸弹人移动和敌人移动，然后再实现炸弹人躲避障碍物，当遇到障碍物后会停下来，之后再实现敌人遇到障碍物后会改变方向。

(4) 游戏输赢规则。

玩家消灭所有敌方炸弹人则游戏胜利，玩家炸弹人被敌方炸弹炸到一定次数则游戏失败。

方法：设定一个玩家生命值，当生命值为空则游戏结束。

炸弹人的功能设计有以下几处难点：

(1) 若要炸弹在规定时间内爆炸，则需要炸弹、炸弹爆炸以及炸弹清除三个事件。通过定义三个结构体，分别为炸弹、火焰以及清除炸弹，然后定义两个全局变量用于在定时器函数里面做判断。当炸弹放置后，第一个全局变量开始计时，当到指定时间后执行爆炸函数，然后第二个全局变量开始计时，当到达第二个指定时间后执行清除函数，从而实现炸弹爆炸的效果。

(2) 实现敌人自由移动，可以将敌人默认的方向为上，当遇到障碍后再进行方向转换。可以用随机生成函数生成 1~4 四个数字，分别对应上下左右，然后用 switch-case 函数进行执行。当遇到障碍物后，随机生成一个数字，通过 switch-case 来选择敌人可移动的方向，从而达到敌人随机移动的效果。

(3) 游戏开始界面的难度选择使用鼠标事件，通过每个图片的坐标进行功能判断；炸弹放置、玩家移动则选择使用键盘事件；玩家、敌人移动以及炸弹爆炸使用定时器函数。

2. 关键功能的设计

(1) 玩家炸弹爆炸功能。

玩家炸弹爆炸功能设计先初始设置 2 个全局变量：玩家炸弹爆炸时间和玩家放置炸弹信息，然后根据判断玩家是否放置炸弹与炸弹爆炸时间是否达到指定时间值来进行炸弹爆炸操作。玩家炸弹爆炸功能设计流程如图 2-26 所示。

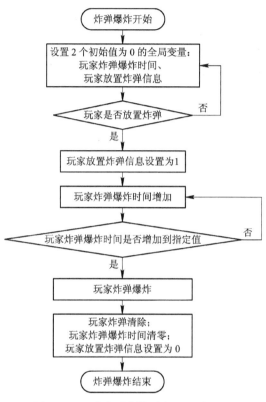

图 2-26　玩家炸弹爆炸功能设计流程图

炸弹放置、爆炸以及清除的具体原理如图 2-27 所示。

(判断两个矩形是否重叠)

图 2-27　炸弹爆炸实现原理示意图

(2) 敌人自动移动功能。

敌人自动移动功能设计通过使用随机生成函数生成1~4四个随机数字，分别对应上下左右移动方向，然后用switch-case函数来决定敌人移动的方向，从而达到敌人随机移动的效果。敌人每次移动时都要循环遍历一次全部敌人是否已经被消灭，如果敌人已被消灭，则不继续执行移动操作。敌人自动移动功能设计流程如图2-28所示。

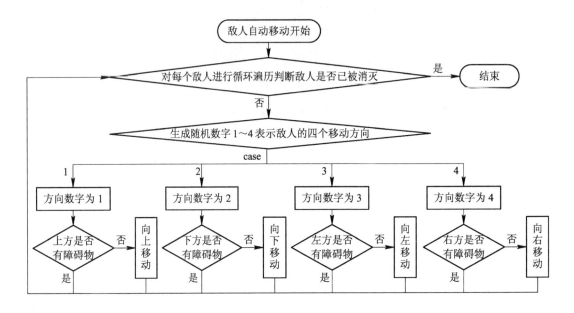

图2-28 敌人自动移动功能设计流程图

敌人自动移动的障碍物判断通过障碍物的(x，y)坐标与敌人的(x，y)坐标的位置关系来进行，判断敌人的上、下、左、右方向是否有障碍物，具体原理如图2-29所示。

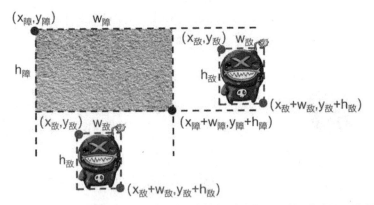

判断情况1：(敌人坐标$x_敌$+敌人宽度$w_敌$>障碍物坐标$x_障$) 并且 (敌人坐标$x_敌$+敌人宽度$w_敌$<障碍物坐标$x_障$+障碍物宽度$w_障$)

判断情况2：(敌人坐标$x_敌$>障碍物坐标$x_障$) 并且(敌人坐标$x_敌$<障碍物坐标$x_障$+障碍物宽度$w_障$)

判断情况3：(敌人坐标$y_敌$+敌人高度$h_敌$>障碍物坐标$y_障$)并且 (敌人坐标$y_敌$+敌人高度$h_敌$<障碍物坐标$y_障$+障碍物高$h_障$)

图2-29 判断障碍物实现原理示意图

项目实现

1. 程序框架

该项目实现所需要的关键结构体、变量或常量定义如下：

(1) 玩家结构体。

玩家结构体定义如代码 2-18 所示。

代码 2-18　玩家结构体定义。

```
struct player{
    int x;                  //x 坐标
    int y;                  //y 坐标
    int width;              //宽度
    int height;             //高度
    ACL_Image pic;          //图片
    int life;               /*是否存活：0 表示没有生命值，初始值为 PLAYER_VITALITY，被
                              敌方炸中 1 次，该值减 1*/
};
Player player;
```

(2) 敌人结构体。

敌人结构体定义如代码 2-19 所示。

代码 2-19　敌人结构体定义。

```
struct enemy{
    int x;                  //x 坐标
    int y;                  //y 坐标
    double speedX;          //x 轴速度
    double speedY;          //y 轴速度
    int direction;          //方向
    int width;              //宽度
    int height;             //高度
    int bomb;               //是否有炸弹，1 表示有，0 表示没有
    ACL_Image pic;          //图片
};
Enemy enemy[ENEMY_MAXNUM];
```

(3) 障碍物结构体。

障碍物结构体定义如代码 2-20 所示。

代码 2-20　障碍物结构体定义。

```
struct stone{
    int x;                  //x 坐标
    int y;                  //y 坐标
    int width;              //宽度
```

```
    int height;              //高度
    ACL_Image pic;           //图片
};
Stone stone[STONE_MAXNUM];
```

(4) 炸弹结构体。

炸弹结构体定义如代码 2-21 所示。

代码 2-21　炸弹结构体定义。

```
struct bomb{
    int x;                   //x 坐标
    int y;                   //y 坐标
    int width;               //宽度
    int height;              //高度
    ACL_Image pic;           //图片
};
Bomb bomb[100];              //玩家炸弹
EmenyBomb enemybomb[100];    //敌方炸弹
```

(5) 炸弹火焰结构体。

炸弹火焰结构体定义如代码 2-22 所示。

代码 2-22　炸弹火焰结构体定义。

```
struct explosion{
    int x;                   //x 坐标
    int y;                   //y 坐标
    int width;               //宽度
    int height;              //高度
    int num;                 //火焰数量
    ACL_Image pic;           //图片
};
Explosion explosion[100];
EmenyExplosion enemyexplosion[100];
```

(6) 炸弹清除结构体。

炸弹清除结构体定义如代码 2-23 所示。

代码 2-23　炸弹清除结构体定义。

```
struct clean{
    int x;                   //x 坐标
    int y;                   //y 坐标
    int width;               //宽度
    int height;              //高度
    ACL_Image pic;           //图片
};
Clean clean[100];
```

该项目需要通过定时器事件来控制敌人的自动避障移动和敌人与玩家的放置炸弹爆炸操作，并通过键盘事件来控制玩家移动和放置炸弹爆炸的操作，其函数及调用关系如图 2-30 所示。

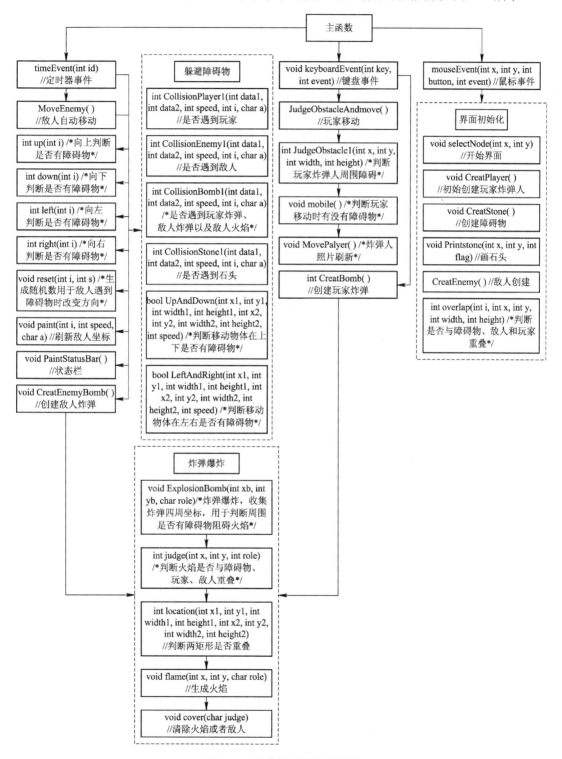

图 2-30 整体程序函数框架图

2. 关键功能的实现

(1) 炸弹爆炸功能伪代码。

要实现炸弹爆炸首先需要判断炸弹是否已经放置，因此需要一个变量来判断炸弹是否被放置，未放置则为 0，放置则为 1。当炸弹放置后则需要另一个变量来判断是否到达指定的炸弹爆炸时间，让该变量随着时间不断增加，直到增加到指定的时间。最后，当炸弹爆炸完之后将两个变量初始化为 0。炸弹爆炸功能伪代码如代码 2-24 所示。

代码 2-24   炸弹爆炸功能伪代码。

```
//炸弹放置、爆炸以及清除伪代码
初始化玩家炸弹爆炸时间=0;
初始化玩家放置炸弹信息=0;

if(判断玩家是否放置炸弹){
    炸弹放置的标记由 0 变为 1
}

if(炸弹放置的信息变为 1) {
    玩家炸弹爆炸时间加 1
}

if(玩家炸弹爆炸时间到达指定时间){
    玩家炸弹爆炸
}

if(玩家炸弹爆炸时间到达指定时间){
    玩家炸弹清除
    炸弹时间变为 0
    炸弹放置的信息变为 0
}
```

(2) 敌人自动移动功能伪代码。

要实现敌人自动移动主要是实现敌人在移动过程中是否可以判断该运动方向前方有无障碍物。由于敌人运动方向只有上下左右四个方向，因此可以使用 switch-case 函数分别判断上下左右是否有障碍物，如果有障碍物则随机生成一个数字(即方向)让敌人移动，直到生成的方向没有障碍物为止。敌人自动移动伪代码如代码 2-25 所示。

代码 2-25   敌人自动移动伪代码。

```
//敌人判断当前方向是否有障碍物的伪代码
for(每个敌人){
    switch(敌人方向){
```

```
        case 1:
            向上判断是否有障碍物;
            if(没有障碍物){
                改变敌人坐标;
            }
            else{
                随机生成除了 1 以外的三个数;
            }
        break;
        case 2:
            向下判断是否有障碍物;
            if(没有障碍物){
                改变敌人坐标;
            }
            else{
                随机生成除了 2 以外的三个数;
            }
        break;
        case 3:
            向左判断是否有障碍物;
            if(没有障碍物){
                改变敌人坐标;
            }
            else{
                随机生成除了 3 以外的二个数;
            }
        break;
        case 4:
            向右判断是否有障碍物;
            if(没有障碍物){
                改变敌人坐标;
            }
            else{
                随机生成除了 4 以外的三个数;
            }
        break;
    }
}
```

○ 实现效果

游戏开始界面如图 2-31 所示，设置难度如下：

(1) 简单难度，敌人不会放置炸弹。

(2) 中等难度，敌人会放置炸弹。

(3) 困难难度，敌人会放置炸弹并会跟踪玩家。

图 2-31 游戏开始界面

    游戏初始状态如图 2-32 所示，敌人在随机位置生成，障碍物在固定位置生成，玩家在窗口的左上角，且状态栏上显示游戏情况。

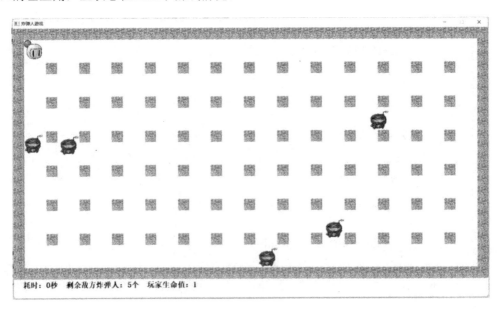

图 2-32 游戏初始状态

玩家与敌人都可以放置炸弹并且可以爆炸,如图 2-33 所示。

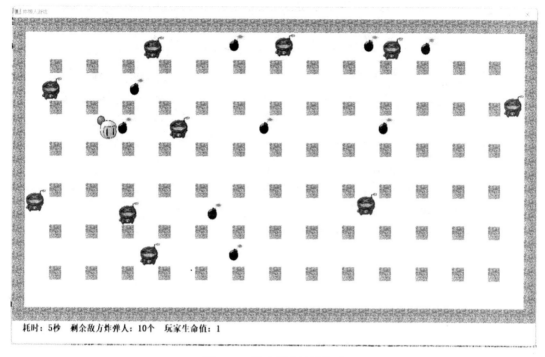

图 2-33　游戏玩家放置炸弹

炸弹会在一定时间爆炸,并根据障碍物生成火焰,如图 2-34 所示。

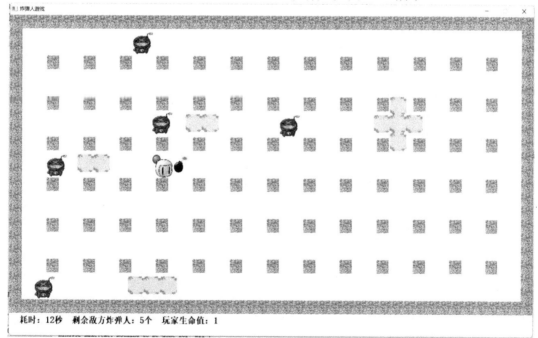

图 2-34　游戏炸弹爆炸

当玩家将所有敌人消灭完之后游戏胜利,如图 2-35 所示。

图 2-35   游戏玩家胜利

不足与改进

该项目在设计与实现过程中存在以下不足与可改进的地方：

(1) 因生成障碍物坐标的计算算法设计简单，导致游戏开始时需要一定的计算时间，生成障碍物坐标的算法可进一步进行优化改进。

(2) 在敌人移动时和火焰生成时判断有无障碍物都用了较多类似的代码，可对这部分类似的代码进行优化，减少类似重复代码。

(3) 当敌人碰到玩家炸弹爆炸时的火焰不会停下来，需进一步改进优化。

(4) 玩家和敌人放置炸弹只可以放置在自己前面，可对其进行改进，例如可以放置到自己上下左右的位置或自身位置。

(5) 游戏设定可以增加多种元素，例如可以设置被炸弹破坏的箱子。

(6) 游戏玩法可以进一步丰富，比如可以增加道具，让玩家获得道具后提升某一方面的能力；又比如可以放置 2 颗炸弹，增加游戏趣味性。

项目 10   2048 小游戏

项目简介

本项目设计的是一款 2048 小游戏。每次控制所有方块向同一个方向运动，两个相同数字的方块撞在一起之后合并成为它们的和，每次操作之后会在空白的方格处随机生成一个"2"或者"4"，最终得到一个"2048"的方块就算胜利。如果 16 个格子全部填满并且相邻的格子都不相同也就是无法移动的话，则游戏结束。

项目难度：易。

项目复杂度：简单。

项目需求

1．基本功能

(1) 开局可以自动随机生成"2"或者"4"的数字方块。

(2) 可以通过键盘或鼠标控制所有方块向同一个方向运动并且判断是否能继续移动。

(3) 实现同类合并，可以把相同数字方块合并，并累加数值。

(4) 判断游戏输赢，当产生"2048"则游戏获胜，如果方格满了仍未出现"2048"则游戏失败。

(5) 在经典 2048 基础上，实现积分、计时等功能。

2．拓展功能

(1) 在经典 2048 基础上，实现简单、中级和高级等多种难度玩法。

(2) 实现设置随机生成"2"和"4"数字方块出现的概率。

(3) 实现 AI 模式自动合成 2048。

项目设计

1．总体设计

根据项目的基本功能需求和游戏规则的设定，2048 小游戏总体设计规划功能如图 2-36 所示。

具体功能设计介绍如下：

(1) 初始化布局。

生成一个有 4×4 的格子窗口，并随机生成 2 个数字方块且生成的数字方块为"2"或"4"。

方法：通过二维数组模拟数字方块的布局，并用随机函数控制生成的数字方块的概率。

(2) 数字方块整体移动。

数字方块可以通过键盘的上下左右键向上下左右方向移动。

方法：通过新定义一个二维数组，把原数组的数据复制过去操作，当两组数据不相同时才为有效移动，生成新方块。

(3) 数字方块合并。

两个相同数字的方块撞在一起之后可以合并成为它们的和。

方法：判断两个数字中间是否没有 0 且两个数字相等，若符合则合并。

(4) 数字方块随机生成。

每次移动数字方块都会随机生成 2 个数字方块且生成的数字为 "2" 或 "4"。

方法：使用随机数函数生成 0～10 的数，当数字为 2～9 时返回 4，数字为 1 时返回 2，根据返回的值来生成数字。

(5) 判断游戏是否结束。

如果 16 个格子全部填满并且相邻的格子都不相同，即无法移动，则游戏结束。

方法：遍历二维数组，判断有无空格子并判断有无连续相同数字格子，若都无则游戏失败。若出现 "2048"，则游戏胜利。

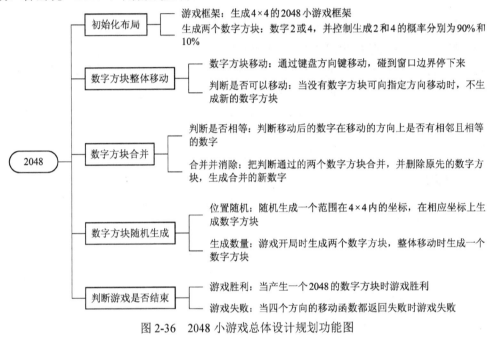

图 2-36 2048 小游戏总体设计规划功能图

2048 小游戏的功能设计有以下几处难点：

(1) 判断各种数字方块碰撞时是否可以合并，可以转换成判断移动后的二维数组是否具有上下左右相邻的数字。

(2) 在游戏开始时和每次移动后需随机生成数字方块，且生成 "2" 方块的概率为 90%，生成 "4" 方块的概率为 10%。

(3) 判断游戏是否结束，如果 16 个格子全部填满并且相邻的格子都不相同，即无法移动，则游戏结束。当生成 "2048" 时，则游戏胜利。

(4) 各种事件的合理使用，事件包括键盘事件和鼠标事件，比如数字方块的移动应该由键盘控制，也可以由鼠标控制滑动方向。

2. 关键功能的设计

(1) 键盘移动数字方块功能。

通过键盘按下事件来执行相应的数字方块移动函数，并判断是否为有效移动或合并，如果是有效移动或合并，则更新相应的游戏移动画面。键盘移动数字方块功能设计流程如图 2-37 所示。

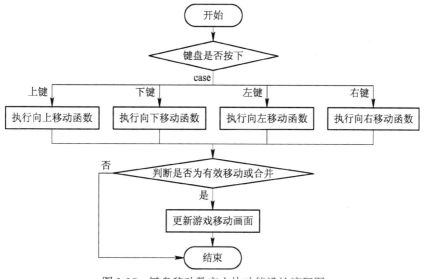

图 2-37 键盘移动数字方块功能设计流程图

(2) 数字方块是否可移动功能。

当数字方块移动或合并操作时，先复制一份数据用于预操作，若移动或合并操作完之后与原数据不一样则为有效的移动或合并操作，才进行游戏画面的方块移动或合并的更新。数字方块是否可移动功能设计流程如图 2-38 所示，数字方块移动原理如图 2-39 所示。

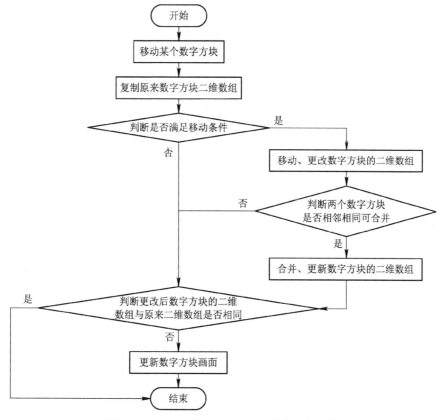

图 2-38 数字方块是否可移动功能设计流程图

玩家输入移动信号

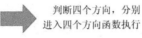

判断四个方向，分别
进入四个方向函数执行

复制原数组：若两个数中间
没有 0 且数字相同则相加合并

判断操作后的数组是否与
原数组相同，若相同则不执行
后续操作，反之执行

函数循环执行：当遍历
完整个二维数组时退出

图 2-39   数字方块移动原理图

项目实现

1. 程序框架

该项目实现所需要的关键结构体、变量或常量定义如下：

(1) 图片结构体。

图片结构体定义如代码 2-26 所示。

代码 2-26   图片结构体定义。

```
struct images{                      //图片结构体
    ACL_Image block_0;              //数字 0 即空方块
    ACL_Image block_2;              //数字 2
    ACL_Image block_4;              //数字 4
    ACL_Image block_8;              //数字 8
    ACL_Image block_16;             //数字 16
    ACL_Image block_32;             //数字 32
    ACL_Image block_64;             //数字 64
    ACL_Image block_128;            //数字 128
    ACL_Image block_256;            //数字 256
    ACL_Image block_512;            //数字 512
    ACL_Image block_1024;           //数字 1024
    ACL_Image block_2048;           //数字 2048
    ACL_Image background;           //背景色
    ACL_Image over;                 //gameover
    ACL_Image backgound_color;      //大背景色
    ACL_Image restart;              //重试
    ACL_Image restart_hover;        //重试(after)
    ACL_Image score;                //分数
    ACL_Image score_background;     //用于填充分数的背景
```

ACL_Image bestscore;	//最高得分
ACL_Image win;	//胜利
ACL_Image newgame;	//新游戏
ACL_Image newgame_hover;	//新游戏(after)
}IMAGES;	

(2) 游戏信息。

游戏信息定义如代码 2-27 所示。

代码 2-27　游戏信息定义。

int Array[4][4]={0};	//代表 2048 的二维数组
int score=0;	//得分
int maxScore=-1;	//最高得分
//int ArrayStatus=0;	//0 表示初始化界面，1 表示 Game over 界面，2 表示胜利界面
int ArrayFlag;	//0 表示空，1 表示 Game over 界面，2 表示胜利界面
int depthMAX;	//最深长度
int node;	//节点
int bestChoose;	//最佳路径

该项目需要通过键盘事件来控制数字方块的移动，并通过定时器事件来进行 AI 自动控制方块移动，其函数及调用关系如图 2-40 所示。

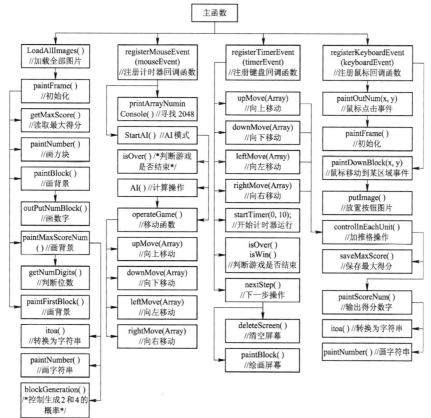

图 2-40　整体程序函数框架图

2. 关键功能的实现

(1) 键盘移动数字方块功能伪代码。

通过监测用户键盘行为，实现了当按键按下时，根据按下的方向键的不同，执行不同的移动函数。键盘移动数字方块功能伪代码如代码 2-28 所示。

代码 2-28 键盘移动数字方块功能伪代码。

```
if(事件等于按下)
{
    switch(按下的按键)
    {
     case 方向上键:
        变量=向上移动的函数;
        跳出;
     case 方向下键:
        变量=向下移动的函数;
        跳出;
     case 方向左键:
        变量=向左移动的函数;
        跳出;
     case  方向右键:
        变量=向右移动的函数;
        跳出;
    }
}
```

(2) 数字方块是否可移动功能伪代码。

实现 2048 小游戏中数据移动和合并的过程，包括定义一维和二维边长为 4 的数组，循环遍历数组进行复制和操作，对每个格子进行判断游戏是否结束的操作。数字方块是否可移动功能伪代码如代码 2-29 所示。

代码 2-29 数字方块是否可移动功能伪代码。

```
定义 边长为 4 的一维数组
定义 边长为 4 的二维数组
循环( 4 次){
    循环( 4 次){
        用于复制的数组=原数组
    }
}循环( 4 次){
    循环( 4 次){
        一维数组=复制了原数据的数组;
    }
    加格和推格函数(复制的一列数组);
```

```
//将操作后的单元重新写回 2048 网格
循环( 4 次){
    原数组=一维数组
}
}循环( 4 次){
    循环( 4 次){
        if(操作后的数组等于操作前的数组) 返回  1;
    }
}
```

实现效果

游戏开始时，随机生成 "2" 或 "4" 两个数字方块，如图 2-41 所示。

通过键盘移动数字方块，当两个数字方块的数字相同时，可合并方块并累加数值，如图 2-42 所示。

当格子占满数字方块时，游戏结束，如图 2-43 所示。

当出现 "2048" 时，游戏胜利，如图 2-44 所示。

图 2-41 游戏开始

图 2-42 数字方块合并并累加

图 2-43 游戏失败

图 2-44 游戏胜利

不足与改进

该项目在设计与实现过程中存在以下不足与可改进的地方：

(1) 游戏的数字方块移动时未添加移动动画，可进一步优化数字方块的移动动画效果。

(2) 游戏的 AI 模式的游戏成功率不够高，可进一步优化 AI 算法提高成功率。

(3) 游戏模式较单一，可进一步实现多种游戏难度。

项目 11　　开心消消乐

项目简介

本项目设计的是一款开心消消乐的小游戏。玩家可以通过移动游戏界面地图中的方块使三个及以上相同的方块成同一直线(横竖都可)进行目标消除并获得分数。不同的关卡要求消除的方块不相同，达到关卡要求即可过关。可以根据开发者的兴趣自由设定具体规则和玩法。

项目难度：适中。

项目复杂度：适中。

项目需求

1. 基本需求

(1) 实现布局功能。对不同难度的模式设定有着不同数量的非相同类型的动物方块数组进行初始化，再通过用户所选择的难度调用不同的二维数组进行游戏地图的绘制，达到体现不同难度的效果。

(2) 实现消除功能。用户在移动方块后，自动进行方块的消除判断，当在选中的两个方块中任意一个或两个都满足横竖方向上有 3 个及以上的相同方块时，将会自动消除对应方块的图像，反之则不进行消除。

(3) 实现填充功能。在消除判断结束后，如果满足消除条件则会消除在界面中方块的图像，先使用背景色填充，再通过难度的不同，进行不同范围的方块图像随机生成，再对被消除的空格进行方块内容的填充。

(4) 实现经典消消乐。有方块滑动视觉效果，消除后的自动下滑补齐视觉效果。

(5) 在经典消消乐的基础上实现积分、计时功能。

2. 拓展需求

(1) 可以通过游戏布局、各种游戏参数等设定不同难度层次的关卡，进行闯关，提升游戏的趣味性。

(2) 实践智能消消乐，让计算机自动挑战关卡，自动选择方块进行移动并消除，从而达到通关的目的。

(3) 可以进行联机对战，联机双方可以是合作关系，也可以是双方竞赛。

项目设计

1. 总体设计

根据项目的基本功能需求和游戏规则的设定，开心消消乐总体设计规划功能如图 2-45所示。

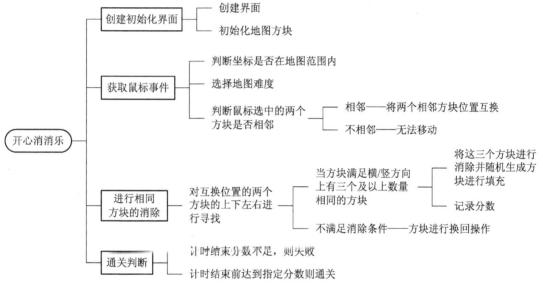

图 2-45　开心消消乐总体设计规划功能图

具体功能设计介绍如下：

(1) 初始布局。提前设置不同难度的二维数组对应不同难度的地图，通过用户选择不同难度进行对应地图的初始化，并绘制在游戏界面中。

(2) 游戏对象的移动。方块可以向上下左右四个方向进行移动。鼠标左键按下时选中第一个方块，鼠标左键松开时选中第二个方块。当选中的两个方块相邻则进行自动交换位置的操作，不相邻则无法移动。如果交换后无法进行有效消除，则会自动换回。

(3) 消除规则。通过移动相邻方块，使三个及以上相同的方块成同一直线(横竖都可)就可以消除并产生分数，不同关卡要求消除的色块、分数要求不一样。

(4) 游戏输赢规则。消除界面上所有方块，获取足够积分即可赢得游戏。可设置为在规定时间内完成并消除指定数量方块即为过关。

开心消消乐的功能设计有以下几处难点：

(1) 相邻方块进行滑动时，怎么调整图片。可以记录即将要滑动的方块左上角坐标，借助计时器不断调整坐标及绘制图片。每次坐标将移动方格 10% 的长度，每 10 ms 进行一次移动，100 ms 完成滑动操作。

(2) 相邻方块滑动互换位置时，需要清除原有的方块内容。可以在上一步的位置区域画一个白底(假设窗口背景是白色的)的矩形，也可以定义成一个函数。

(3) 如何判断方块是否满足消除条件。

(4) 当方块不满足消除条件时，需要滑动方块进行换回。可以通过将原先保存的坐标位置进行互换，再通过计时器事件进行坐标调整及绘制图片。

(5) 方块满足消除条件后，怎么消除原有方块并用随机获得方块进行填充。

(6) 各种事件的合理使用，事件包括鼠标事件和定时器事件。比如，倒计时由定时器事件控制，方块移动由鼠标控制。

2. 关键功能的设计

(1) 滑动效果功能。

滑动效果的函数设计及关系如图 2-46 所示。在触发一次定时器事件中，循环调用 slidePic 函数 10 次。其中，exChange 函数通过使用 if 语句进行移动方向的判断；move 函数使用循环对图片的坐标值进行修正；putImageTransparent 函数在新的位置绘制图片。在短时间的连续 10 次调用中，体现出图片的滑动效果，具体实现的设计流程如图 2-47 所示。

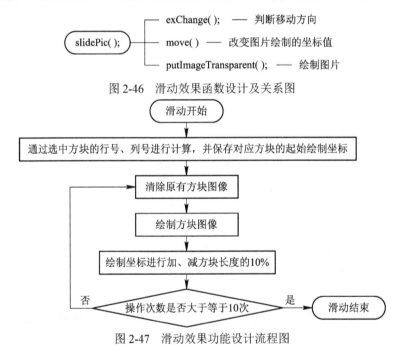

图 2-46　滑动效果函数设计及关系图

图 2-47　滑动效果功能设计流程图

(2) 下滑补空效果功能。

通过循环遍历地图的二维数组，从被消除的方块的竖直向上一行往上开始，不断循环将被消除的方块上方的图片向下替换，实现将被消除方块上方的方块进行下移的操作，再通过定时器事件进行延后绘制，就能体现出下滑补空的效果。下滑补空效果功能思维导图如图 2-48 所示，其设计流程图如图 2-49 所示。

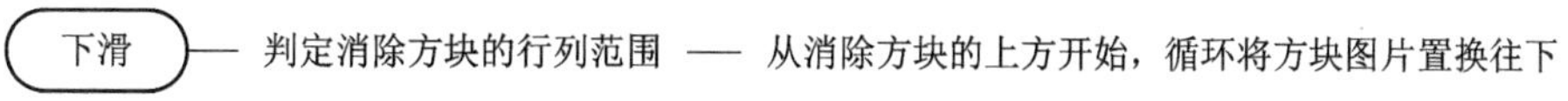

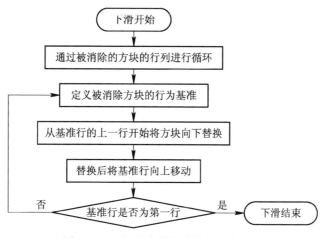

图 2-48　下滑补空效果功能思维导图

图 2-49　下滑补空效果功能设计流程图

项目实现

1．程序框架

该项目所需要的关键结构体、变量定义如下：

(1) 鼠标点击信息结构体。

鼠标点击信息结构体定义如代码 2-30 所示，定义了结构体变量存储鼠标点击时的坐标以及对应地图的行列号。

代码 2-30　鼠标点击信息结构体。

```
typedef struct mouseSetting* mouseXY;
struct mouseSetting {
    int downX;        //鼠标左键按下时的 x 坐标
    int downY;        //鼠标左键按下时的 y 坐标
    int downH;        //鼠标左键按下时对应地图中的行号
    int downL;        //鼠标左键按下时对应地图中的列号
    int upX;          //鼠标左键松开时的 x 坐标
    int upY;          //鼠标左键松开时的 y 坐标
    int upH;          //鼠标左键松开时对应地图中的行号
    int upL;          //鼠标左键松开时对应地图中的列号
};
```

(2) 消消乐图块结构体。

消消乐图块结构体定义如代码 2-31 所示，定义了结构体变量存储每一个图块的有关信息，如图片值、图片属性、选中标志、消除标志以及所在的坐标位置。

代码 2-31 消消乐图块结构体。

```
typedef struct BlockNode* Block;
struct BlockNode {
    int ImgNum;             //图片值
    ACL_Image img;          //图片
    //int LENTH;            //方格长度
    int checkFlag;          // 选中标志
    int removeFlag;         // 消除标志
    int x;                  //方格左上角 x 坐标
    int y;                  //方格左上角 y 坐标
};
```

该项目的整体程序函数框架如图 2-50 所示，主要分为三个部分通过主函数进行调用。第一部分是有关定时器事件的函数，主要包括方块是否被消除、能否进行消除、对消除的方块进行补充等函数的设计与调用。第二部分是有关鼠标事件的函数，主要包括对鼠标点击后的相关判断，如选择游戏模式、选中的方块是否相邻等。第三部分是界面初始化等函数。

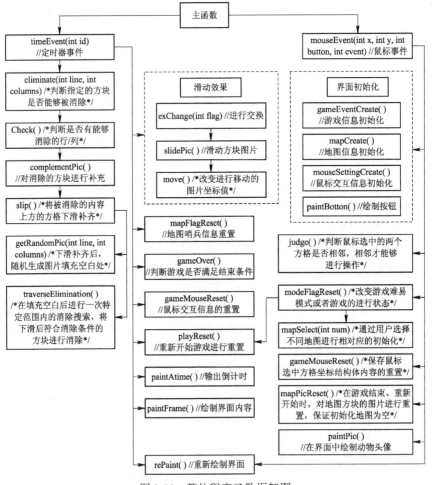

图 2-50　整体程序函数框架图

2. 关键功能的实现

(1) 滑动效果功能伪代码。

方块滑动效果功能伪代码如代码 2-32 所示。通过判断两个方块的相对位置进行移动方向的选择，通过 if 语句的嵌套进行方向的判断。

代码 2-32 方块滑动效果功能伪代码。

```
//滑动效果伪代码
if  两个方块在同一行上  then
    if 方块一在方块二的右边  then
        //方块一向左移动，方块二向右移动
        绘制方块一图像的 x 坐标  -= 方格长度的 10%
        绘制方块二图像的 x 坐标  += 方格长度的 10%
    else if 方块一在方块二的左边  then
        //方块一向右移动，方块二向左移动
        绘制方块一图像的 x 坐标  += 方格长度的 10%
        绘制方块二图像的 x 坐标  -= 方格长度的 10%
    end if
else if 两个方块在同一列上  then
    if 方块一在方块二的下方  then
        //方块一向上移动，方块二向下移动
        绘制方块一图像的 y 坐标  -= 方格长度的 10%
        绘制方块二图像的 y 坐标  += 方格长度的 10%
    else if 方块一在方块二的上方
        //方块一向下移动，方块二向上移动
        绘制方块一图像的 y 坐标  += 方格长度的 10%
        绘制方块二图像的 y 坐标  -= 方格长度的 10%
    end if
end if
```

(2) 下滑补空效果功能伪代码。

消除后方块下滑补空效果功能伪代码如代码 2-33 所示。

代码 2-33 下滑补空效果功能伪代码。

```
//标记判断应该消除的方块位置伪代码
//line 方块的行号              //columns 方块的列号
//flag1 flag2 代表竖直(上下)/水平(左右)方向上判断的标记
key ← Map[line][colums]->ImgNum          //方块的图片编号
flag1 ← flag2 ← flag3 ← flag4 ← 0
y1 ← y2 ← y3 ← y4 ← line / x1 ← x2 ← x3 ← x4 ← colums
while 1 do
    //向下循环进行标记
```

```
    if flag1 = = 0 then
        if y1>=0 && key = = Map[y1][x1]->ImgNum then
            Map[y1][x1]->removeFlag=1        //标记这个位置的方块可以被消除
            y1 ← y1-1
        else
            flag1 ← 1
        end if
    end if
    //向上循环进行标记
    if flag2 = = 0 then
        if y2 < 7 && key = = Map[y2][x2]->ImgNum then
            Map[y2][x2]->removeFlag=1        //标记这个位置的方块可以被消除
            y2 ← y2 + 1
        else
            flag2 ← 1
        end if
    end if
    //向左循环进行标记
    if flag3 = = 0 then
        if x3>=0 && key = = Map[y3][x3]->ImgNum then
            Map[y3][x3]->removeFlag=1        //标记这个位置的方块可以被消除
            x3← x3 - 1
        else
            flag3=1
        end if
    end if
    //向右循环进行标记
    if flag4 = = 0 then
        if x4 < 7 && key = = Map[y4][x4]->ImgNum then
            Map[y4][x4]->removeFlag=1        //标记这个位置的方块可以被消除
            x4 ← x4 + 1
        else
            flag4=1
        end if
    end if
    if flag1 && flag2 && flag3 && flag4 then
        break;        //四个方向均找到不相同方块时退出循环
    end if
end while
```

实现效果

在游戏开始界面设置三种难度模式，如图 2-51 所示。

(1) 简单模式：在 7×7 的地图中生成 4 种动物方块进行游戏。

(2) 中等模式：在 7×7 的地图中生成 5 种动物方块进行游戏。

(3) 高级模式：在 7×7 的地图中生成 7 种动物方块进行游戏。

图 2-51　游戏开始界面

选择简单模式后初始化的地图共有 4 个不相同的动物头像(小鸡、狐狸、青蛙、河马)，如图 2-52 所示。

图 2-52　选择简单模式

选中方块并进行方块移动互换，如图 2-53 所示。

图 2-53　消除前的置换

选中方块被消除后的第一步效果，留白，如图 2-54 所示。

图 2-54　消除后第一步

选中方块消除后的第二步效果，将空白处竖直上方的方块往下补充。补充结束后，随机生成填充空白处(深色方框内为消除前在上方的方块，浅色方框内则为自动补充的内容)，如图 2-55 所示。

图 2-55 消除后第二步

如图 2-56 所示为简单模式通关界面(简单模式 10 000 分通关,中等模式 15 000 分通关,困难模式 20 000 分通关)。

图 2-56 简单模式通关界面

不足与改进

本项目设计尚有不足之处,可以进一步修改使程序更加智能灵活,具体如下:

(1) 方块滑动后,判断消除的算法设计较为简单,导致判断效率较低,可以进一步进行优化。

(2) 在下滑补空效果后续的连锁消除判断中,使用的消除判断算法设计简单,导致在复杂情况时(多个地方出现需要消除)用时较久,画面卡顿。可以进一步优化改进判断算法,设定一定的范围进行搜索。

(3) 游戏玩法可以进一步丰富,例如提供多种规模的地图,出现有特定功能的方块可以消除更多的方块等,增加游戏趣味性。

项目 12   俄罗斯方块

项目简介

本项目设计的是一款俄罗斯方块游戏,通过移动、旋转和摆放游戏自动输出的各种方块,使之排列成完整的一行或多行并且消除得分。俄罗斯方块共有 7 种由 4 个小型正方形组成的规则图形,分别以 S、Z、L、J、I、O、T 这 7 个字母的形状来命名。

项目难度:易。

项目复杂度:简单。

项目需求

1. 基本功能

(1) 玩家可以通过键盘的↑键控制俄罗斯方块形状方向的改变。

(2) 玩家可以通过键盘的←键和→键控制俄罗斯方块的左右移动。

(3) 玩家可以通过键盘↓键加速俄罗斯方块下掉的速度。

(4) 在游戏中,当上一个俄罗斯方块到游戏界面底部后,新的俄罗斯方块再出现。

(5) 在游戏中,当俄罗斯方块排列了完整的一行或多行时,即可消除并自动填充俄罗斯方块。

2. 拓展功能

(1) 实现俄罗斯方块多种游戏难度。

(2) 实现计算机智能玩俄罗斯方块。

项目设计

1. 总体设计

根据项目的基本功能需求和游戏规则的设定,俄罗斯方块总体设计规划功能如图 2-57 所示。

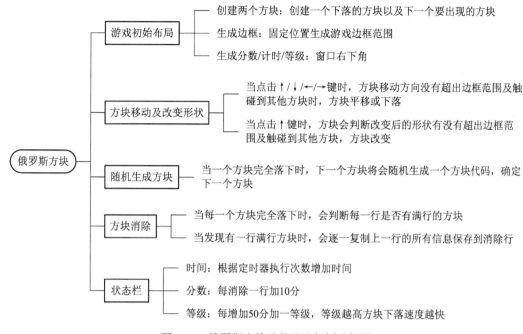

图 2-57 俄罗斯方块总体设计规划功能图

具体功能设计介绍如下：

(1) 游戏初始布局。

俄罗斯方块会在游戏界面边框的顶部开始下落。

方法：俄罗斯方块下落位置通过方块初始化时确定，每一个俄罗斯方块都会在固定的 x 坐标开始下落。

(2) 方块移动及改变形状。

游戏可以通过键盘←键和→键控制俄罗斯方块左右移动，遇到游戏界面边框则不能再向边框方向移动。通过键盘↓键使俄罗斯方块快速下落。游戏可以通过键盘↑键改变俄罗斯方块形状的方向，每一种方块有各自变化的形状。

方法：首先利用键盘事件以及定时器事件函数实现俄罗斯方块的移动，通过判断俄罗斯方块是否碰到游戏界面边框，确定俄罗斯方块是否继续平移或下落移动。遇到游戏界面底层边框或者俄罗斯方块就会重新初始化新的俄罗斯方块。利用键盘事件判断玩家的键位。每一种方块都有且只有一种变化方式，通过判断变化后的方块是否与其他方块重叠或者触碰到游戏界面边框判断方块形状是否改变。

(3) 判断游戏是否结束。

当有俄罗斯方块到达超越游戏界面顶部时，游戏结束。

方法：在生成新的俄罗斯方块之后，会先判断生成的俄罗斯方块是否会触碰到其他俄罗斯方块，如果触碰到其他俄罗斯方块，则游戏结束。

俄罗斯方块的功能设计有以下几处难点：

(1) 实现随机生成俄罗斯方块时，需要通过使用随机函数来随机生成不同形状的俄罗斯方块。

（2）实现俄罗斯方块的形状方向改变，需要对俄罗斯方块形状的坐标进行旋转转换。

（3）对游戏结束的判断，需要通过对刚新生成的俄罗斯方块的坐标是否与旧的俄罗斯方块坐标重叠进行判断。

2．关键功能的设计

（1）俄罗斯方块消除/填充功能。

俄罗斯方块消除，首先遍历需要消除的那一行俄罗斯方块的数组，并对该行数组进行数据初始化；然后遍历整个游戏界面全部的二维数组，并把上一层方块的数据传给该行数组，进行方块数组数据更新；最后在游戏界面中把旧的俄罗斯方块清除，并根据新的二维数组画出新的俄罗斯方块界面。俄罗斯方块消除/填充功能设计流程如图 2-58 所示。

（2）俄罗斯方块移动功能。

俄罗斯方块的移动需要先判断俄罗斯方块是否能下落，如果能下落，则判断玩家是否按了某键盘按键。如果按了↑键，则改变俄罗斯方块形状的方向；如果按了↓键，则让俄罗斯方块加速下落；如果按了←键，则让俄罗斯方块往左移动；如果按了→键，则让俄罗斯方块往右移动。如果俄罗斯方块不能下落，则设置俄罗斯方块状态为已落下。俄罗斯方块移动功能设计流程如图 2-59 所示。

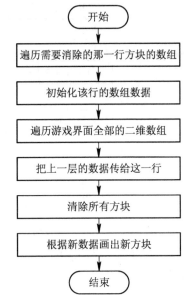

图 2-58 俄罗斯方块消除/填空功能设计流程图

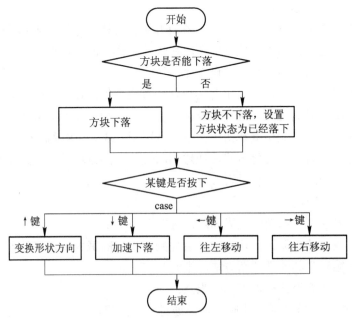

图 2-59 俄罗斯方块移动功能设计流程图

项目实现

1. 程序框架

该项目所需要的关键结构体、变量或常量定义如下：

typeNum：记录了各种方块的类型。

levelNum：记录着升级所需要的等级数。其中，分数的后面为该等级的状态码，0 代表尚未达到该等级，1 代表已经达到该等级，方便后续对升级的判断。

nextShape：存储着下一个要出现的方块。

fallSpeed：掉落速度，通过计时器的执行次数来决定方块下落。

俄罗斯方块关键结构体变量或常量定义如代码 2-34 所示。

代码 2-34　俄罗斯方块关键结构体变量或常量。

```
char move=0;       //VK_UP:改变形状, VK_LEFT：向左, VK_RIGHT：向右, VK_DOWN：向下加速
long gameTimes = 0;        //计时器
int typeNum[19] = {10, 11, 20, 30, 31, 32, 33, 40, 41, 42, 43, 50, 51, 60, 61, 70, 71, 72, 73};
int levelNum[9][2] = {{0, 0}, {50, 0}, {100, 0}, {150, 0}, {200, 0}, {250, 0}, {300, 0},
                  {450, 0}, {500, 0}};
                         //此处多加一个 0,0 是为了判断的时候能使 level 和该数组下标一致
int nextShape[4][4];       //下一个方块的图形
int nextType;              //下一个方块的类型
int gameStatus=0;          //游戏状态，0 正在游戏，1 结束游戏
int fallSpeed=15;          //掉落速度
int level=1;
```

俄罗斯方块结构体定义如代码 2-35 所示，其中 shape 存储着当前方块的形状，type 为当前方块的类型。

代码 2-35　俄罗斯方块结构体。

```
struct SNode              //方块结构体
{
    int x;                //x 坐标
    int y;                //y 坐标
    int shape[4][4];      //形状
    int type;             //类型
    int status;           //状态
    //0 为正在落下，1 为已经落下
};
```

该项目需要通过键盘事件与定时器事件来控制俄罗斯方块的移动操作，并通过键盘事件来控制俄罗斯方块的形状方向改变操作，其函数及调用关系如图 2-60 所示。

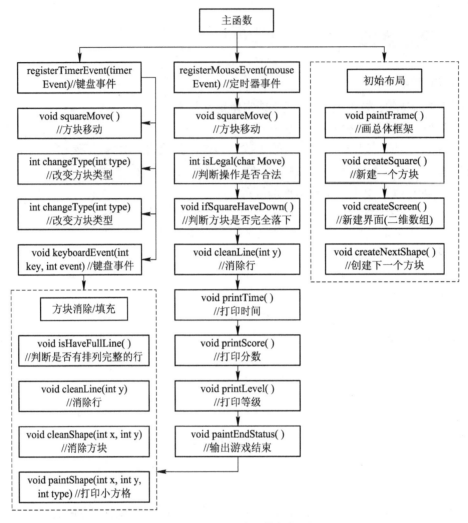

图 2-60　整体程序函数框架图

2. 关键功能的实现

(1) 俄罗斯方块自动消除/填充功能伪代码。

关于俄罗斯方块的自动消除与填充的功能伪代码如代码 2-36 所示。

代码 2-36　俄罗斯方块自动消除/填充功能伪代码。

```
void cleanLine(int y){        //根据传进来的 y 坐标清除该行数据
    for(遍历该行的数组){
        初始化该行的数据;
    }
    for(遍历游戏界面全部的二维数组){
        把上一层的数据传给这一行;
    }
    清除所有方块;
```

　　　　根据新数据画出新方块;
　　}
(2) 俄罗斯方块移动功能伪代码。

关于俄罗斯方块移动的功能伪代码如代码 2-37 所示。

代码 2-37　俄罗斯方块移动功能伪代码。

```
if(方块下落)          //自动下落
{
    if(方块下落合法)
    {
        方块下落;
    }
    else
    {
        方块不下落, 设置方块状态为已经落下;
    }
}
if(键盘事件且键盘事件合法)
{
    方块移动/改变形状;
}
```

实现效果

　　俄罗斯方块游戏开始界面如图 2-61 所示,图右边显示下一次出现的俄罗斯方块形状、游戏积分、游戏计时时间等。

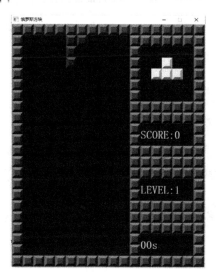

图 2-61　游戏开始界面

　　游戏中界面如图 2-62 所示。当俄罗斯方块排列了完整的一行或多行时，即可消除并自动填充俄罗斯方块，并且游戏积分增加。

图 2-62　游戏中界面

　　当新出现的俄罗斯方块超越游戏界面的顶部时，游戏结束，如图 2-63 所示。

图 2-63　游戏结束界面

不足与改进

该项目在设计与实现过程中存在以下不足与可改进的地方：

(1) 游戏没有设置游戏开始界面，当程序运行的时候，就立刻开始游戏，没有给玩家留出反应时间。

(2) 在判断游戏结束时，并没有出现准备落下的方块，而是直接判定游戏结束。

(3) 由于 ACLLib 图形界面库的定时器事件精度在 10 ms 数量级，而游戏设置的定时器为 50 ms，导致计算出来的时间存在较大误差。

项目 13   飞 碟 大 战

项目简介

本项目设计的是一款飞碟大战的小游戏。我方 1 个飞碟对战敌方多个飞碟，双方可以移动，也可以发射子弹，对战空间还有若干障碍物。游戏可以根据开发者的兴趣自由设定具体规则和玩法。

项目难度：难。

项目复杂度：复杂。

项目需求

1. 基本功能

(1) 可以随机创建飞碟和障碍物，我方飞碟可以自由移动。

(2) 我方飞碟可以发射子弹，敌方飞碟中弹后会消失，消灭所有敌人后则游戏胜利，可计算积分时间等。

(3) 敌方飞碟也可以自由移动。

(4) 敌方飞碟会还击，我方飞碟中弹若干后会输掉游戏。

(5) 敌方飞碟具备一定的智能，会躲避我方飞碟。

2. 拓展功能

(1) 可以通过游戏布局、各种游戏参数等设定不同难度层次的关卡，进行闯关，提升游戏的趣味性。

(2) 可以进行联机对战，联机双方可以是合作关系，也可以是敌对关系。

(3) 我方飞碟可以自动智能追击敌方飞碟。

项目设计

1. 总体设计

根据项目的基本功能需求和游戏规则的设定，飞碟大战总体设计规划功能如图 2-64 所示。

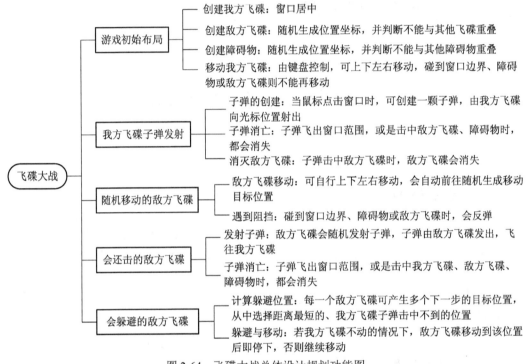

图 2-64 飞碟大战总体设计规划功能图

具体功能设计介绍如下：

(1) 游戏初始布局。

我方飞碟处于窗口的中间，敌方飞碟和障碍物分别为 10 个，随机分布在界面、飞碟和障碍物的初始位置互不重叠。

方法：障碍物和敌方飞碟的位置坐标使用随机函数生成，再使用判断两个矩形是否重叠这一方法来判断敌方飞碟和障碍物是否重叠。

(2) 我方飞碟子弹发射。

我方飞碟子弹的发射由鼠标控制，在窗口中用鼠标右击一次，即可发射一颗由我方飞碟发出前往光标方向的子弹，敌方飞碟子弹可自由发射。

方法：首先利用键盘事件实现我方飞碟子弹发射，然后通过设置全局变量定时器函数实现敌方飞碟子弹发射。

(3) 随机移动、会还击、会躲避的敌方飞碟。

飞碟可以向上下或左右方向移动,用键盘的上下左右方向键控制,障碍物不会移动,子弹可以向任意方向移动。

方法:首先利用键盘事件以及定时器函数实现玩家飞碟移动和敌方飞碟移动,然后再实现敌方飞碟躲避障碍物,并在遇到障碍物后会停下来,之后再实现敌方飞碟遇到障碍物后会改变方向。

飞碟大战的功能设计有以下几处难点:

(1) 各种游戏对象(飞碟、障碍物和子弹)相互是否重叠的判断,该功能可以抽象成两个矩形是否存在重叠,可以定义成一个函数。

(2) 飞碟和子弹移动到下一步位置时,需要清除上一步的痕迹,可以在上一步的位置区域画一个白底(假设窗口背景是白色的)的矩形或圆形,也可以定义成一个函数。

(3) 敌方飞碟为躲避我方飞碟的子弹,需要自动寻找躲避位置,该功能简单的实现方式即是随机生成多个目标位置,并计算哪个目标位置能躲避我方飞碟的子弹,选择其中一个距离最近的。

(4) 如何知道哪个位置能躲避我方飞碟子弹,即敌我双方飞碟直线距离中存在障碍物,该功能可以抽象成一段直接是否与一个矩形相交,也可以定义成一个函数。

(5) 各种事件的合理使用,事件包括键盘事件、鼠标事件和定时器事件。比如,敌方飞碟和子弹由定时器事件控制;我方飞碟的移动可以由键盘控制,也可以由定时器事件和随机产生的键盘状态参数控制。

2. 关键功能的设计

(1) 障碍物碰撞判断功能。

障碍物碰撞判断,因为游戏中的各个对象图片都是矩形形状,所以可以把问题简化成两个矩形是否存在重叠,如图 2-65 所示。

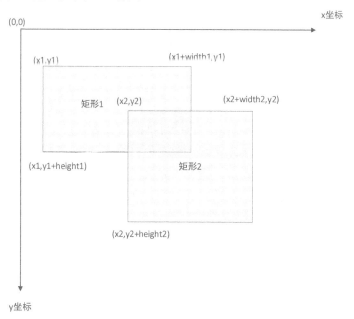

图 2-65　障碍物碰撞判断原理图

这样问题就简单了，要判断以上两个矩形是否重叠，可简化成以下两个问题：

① 判断矩形 2 的左边(即 x2)是否在小于矩形 1 的右边(即 x1+width1)，同时矩形 2 的右边(即 x2+width2)大于矩形 1 的左边(即 x1)。

② 判断矩形 2 的上边(即 y2)是否在小于矩形 1 的上边(即 y1+height1)，同时矩形 2 的下边(即 y2+height2)大于矩形 1 的上边(即 y1)。

(2) 实现敌人飞碟躲在障碍物后面功能。

该问题可以描述为我方飞碟和敌人飞碟的直线连线之间是否存在障碍物，即是判断一条线段是否与一个矩形相交，如图 2-66 所示。

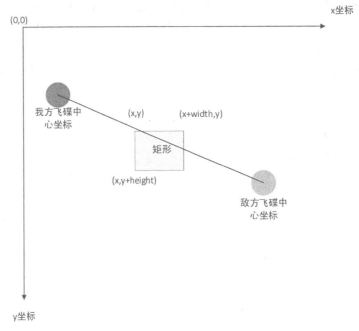

图 2-66   敌人飞碟躲在障碍物后面原理图

该问题可以继续简化，简化成线段若与矩形的任意一条边有相交，则说明线段与矩形相交。因此，问题就可以分解成判断两条线段是否相交，只需把矩形 4 条边分别判断 4 次即可。

判断两条线段是否相交，这个问题一样可以进一步分解，即 A 线段的两个端点分别在 B 线段延长直线的两侧，同时 B 线段的两个端点分别在 A 线段延长直线的两侧，同时满足以上两个条件，则说明两条线段相交。因此问题又可以分解成判断一个点与一条直线的位置问题，大概思路如下：

设线段端点为从 A(x1, y1)到 B(x2, y2)，线外有一点 P(x0, y0)，判断 P 点位于有向线段 A→B 的哪一侧。

$$a = (x2-x1, y2-y1)$$
$$b = (x0-x1, y0-y1)$$
$$a \times b = |a||b| \sin\varphi(\varphi \text{ 为两向量的夹角})$$

$|a||b| \neq 0$ 时，$a \times b$ 决定 P 点的位置，所以 $a \times b$ 的 z 方向大小决定 P 点的位置，即

$$(x2 - x1)(y0 - y1) - (y2 - y1)(x0 - x1) > 0 \qquad \text{左侧}$$

$$(x2 - x1)(y0 - y1) - (y2 - y1)(x0 - x1) < 0 \qquad 右侧$$
$$(x2 - x1)(y0 - y1) - (y2 - y1)(x0 - x1) = 0 \qquad 线段上$$

项目实现

1. 程序框架

该项目实现所需要的关键结构体、变量或常量定义如下：

(1) 我方飞碟。

我方飞碟结构体代码如代码 2-38 所示。

代码 2-38　玩家飞碟结构体定义。

```
typedef struct tUFO *typeUFO;          //我方飞碟

struct tUFO{
    int x;                    //x 坐标
    int y;                    //y 坐标
    int width;                //宽度
    int height;               //高度
    ACL_Image pic;            //图片
    int life;                 /*是否存活，0 表示没有生命值，初始值为某个正整数，被敌人
                                子弹击中 1 次，该值减 1*/
};
```

(2) 敌方飞碟。

敌方飞碟结构体代码如代码 2-39 所示。

代码 2-39　敌方飞碟结构体定义。

```
typedef struct tEnemy *typeEnemy;              //敌方飞碟

struct tEnemy{
    int x;                    //当前 x 坐标
    int y;                    //当前 y 坐标
    int moveTimesMax;         //下一目标位置移动最大次数
    int moveTimes;            /*下一目标位置移动当前次数，从 0 开始计数，当它等于
                                moveTimesMax 时，又重置为 0 */
    double speedX;            //x 坐标速度
    double speedY;            //y 坐标速度
    int width;                //宽度
    int height;               //高度
    ACL_Image pic;            //图片
};

typeEnemy enemy[ENEMY_MAXNUM];          // ENEMY_MAXNUM 为敌人数量
```

(3) 障碍物(石头)结构体。

障碍物(石头)结构体代码如代码 2-40 所示。

代码 2-40　障碍物结构体定义。

```
typedef struct tStone *typeStone;        //石头
struct tStone{
    int x;              //x 坐标
    int y;              //y 坐标
    int width;          //宽度
    int height;         //高度
    ACL_Image pic;      //图片
};
typeStone stone[STONE_MAXNUM];    // STONE_MAXNUM 为障碍物数量
```

(4) 子弹结构体。

子弹结构体代码如代码 2-41 所示。

代码 2-41　子弹结构体定义。

```
typedef struct tBullet *typeBullet;      //子弹
struct tBullet{
    double x;           //当前 x 坐标
    double y;           //当前 y 坐标
    double speedX;      //x 坐标速度
    double speedY;      //y 坐标速度
    int width;          //宽度
    int height;         //高度
    ACL_Image pic;      //图片
};
typeBullet bullet[BULLET_MAXNUM];       //我方飞碟子弹, BULLET_MAXNUM 为子弹最大数量
typeBullet enemyBullet[BULLET_MAXNUM];      //敌方飞碟子弹
```

2. 关键功能的实现

(1) 障碍物碰撞判断功能伪代码。

障碍物碰撞判断功能伪代码如代码 2-42 所示。

代码 2-42　障碍物碰撞判断功能伪代码。

```
//判断两个物体是否相撞(即两个矩形是否有重叠)
//x1,y1,width1,height1：矩形 1 的左上角 x、y 坐标，宽度和高度
//x2,y2,width2,height2：矩形 2 的左上角 x、y 坐标，宽度和高度
char isRectangleOverlap(int x1, int y1, int width1, int height1, int x2, int y2, int width2, int height2){
    if(x1<=x2+width2&&x1+width1>=x2&&y1<=y2+height2&&y1+height1>=y2)
    {
        return 1;
```

```
            }
            else{ return 0;}
        }
```

(2) 实现敌人飞碟躲在障碍物后面功能伪代码。

实现敌人飞碟躲在障碍物后面功能伪代码如代码 2-43 所示。

代码 2-43　实现敌人飞碟躲在障碍物后面功能伪代码。

```
//判断一段直线是否与矩形相交
//(x1, y1)、(x2, y2)分别是直线两端坐标
// leftTopX、leftTopY、rightBottomX、rightBottomY 分别是矩形左上角和右下角两点的坐标
char isLineCrossRectangle(int x1,int y1,int x2,int y2,int rTopX,int rTopY,int rBottomX,int rBottomY){
    int lineHeight = y1 - y2;
    int lineWidth = x2 - x1;              //计算叉乘
    int c = x1 * y2 - x2 * y1;
    if ((lineHeight * rTopX + lineWidth * rTopY + c >= 0 && lineHeight * rBottomX + lineWidth *
rBottomY + c <= 0)
        || (lineHeight * rTopX + lineWidth * rTopY + c <= 0 && lineHeight * rBottomX + lineWidth *
rBottomY + c >= 0)
        || (lineHeight * rTopX + lineWidth * rBottomY + c >= 0 && lineHeight * rBottomX +
lineWidth * rTopY + c <= 0)
        || (lineHeight * rTopX + lineWidth * rBottomY + c <= 0 && lineHeight * rBottomX +
lineWidth * rTopY + c >= 0)){
            if (rTopX > rBottomX){
                int temp = rTopX;
                rTopX = rBottomX;
                rBottomX = temp;
            }
            if (rTopY < rBottomY){
                int temp1 = rTopY;
                rTopY = rBottomY;
                rBottomY = temp1;
            }
            if ((x1 < rTopX && x2 < rTopX)|| (x1 > rBottomX && x2 > rBottomX)|| (y1 > rTopY && y2 >
rTopY)|| (y1 < rBottomY && y2 < rBottomY)){
                return 0;
            }
            else{
                return 1;
            }
        }
```

```
    else{
        return 0;
    }
}
```

实现效果

飞碟大战游戏界面如图 2-67 所示，中间圆圈代表我方可以控制的飞碟，黄色外星人代表敌人飞碟，蓝色方块代表障碍物，蓝色(浅色)小点代表敌人子弹，红色(深色)小点代表我方子弹。黄色外星人被红色子弹击中会消失，飞碟被 5 个蓝色子弹击中则游戏结束。同时飞碟和外星人目前只能上下左右移动，外星人是向上下左右 4 个方向随机移动，遇到障碍物(如飞碟、外星人和方块)会反弹。外星人在随机移动过程中倾向于选择方块的后面(相对于飞碟而言)，这样可以有效躲避飞碟的子弹。

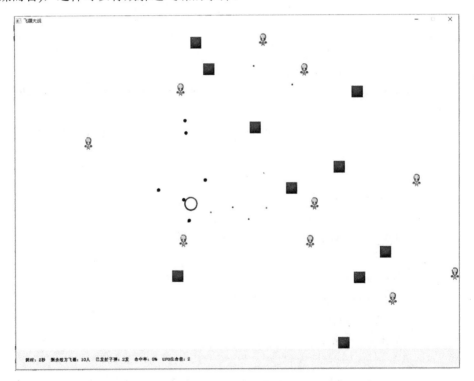

图 2-67 飞碟大战游戏界面

不足与改进

该项目在设计与实现过程中存在以下不足与可改进的地方：

(1) 为了避免在执行较为频繁的函数内定义太多局部变量，占用太多的内存空间，定义了不少全局变量，但也导致加大了程序的复杂性和排错难度。

(2) 游戏设定可以增加多种元素，例如可以设置被子弹射击的箱子。

(3) 游戏玩法可以进一步丰富，例如可以增加道具，让玩家获得道具后提升某一方面的能力，例如可以射击 2 排子弹，增加游戏趣味性。

(4) 还可以进一步提高游戏的智能程度，让飞碟能自行飞行和射击，也可以让敌人更加有效地躲避飞碟子弹。

项目 14　　坦 克 大 战

项目简介

本项目设计的是一款坦克大战游戏，它以二战坦克为题材，既保留了射击类游戏的操作性，也改进了射击类游戏太过于复杂难玩的高门槛特点，集休闲与竞技于一身。游戏玩家的目标是控制坦克躲避危险，消灭掉所有的敌人，保护自己的城堡。

项目难度：适中。

项目复杂度：适中。

项目需求

1. 基本功能

(1) 实现坦克大战游戏地图的生成功能。

(2) 实现坦克大战游戏的坦克移动功能，通过键盘控制坦克的移动。

(3) 实现坦克大战游戏的坦克射击功能，通过键盘控制坦克的射击。

(4) 实现坦克大战的坦克子弹碰撞功能。

(5) 实现游戏经典坦克大战模式。

2. 拓展功能

(1) 实现游戏联机坦克大战模式，可两人联机操作。

(2) 实现计算机智能自行玩坦克大战模式。

项目设计

1. 总体设计

根据项目的基本功能需求和游戏规则的设定，坦克大战总体设计规划功能如图 2-68 所示。

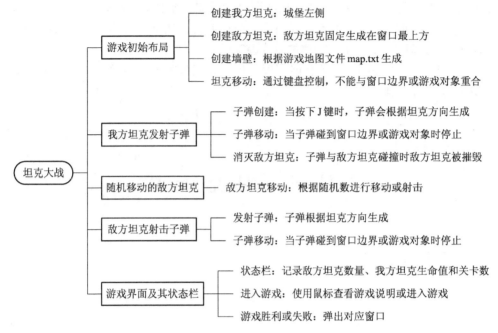

图 2-68 坦克大战总体设计规划功能图

具体功能设计介绍如下：

(1) 游戏初始布局。

游戏开始时将城堡初始化在游戏窗口下方中心位置，我方坦克则初始生成在城堡左侧。

方法：随机生成两个敌方坦克在游戏窗口最上方，一定时间后继续生成一个坦克直到敌方坦克数量达到上限。根据地图文件 map.txt 生成墙壁，游戏对象生成不相互重叠。

(2) 我方坦克发射子弹。

当我方坦克发射子弹后，子弹会根据初始方向向前移动，直到碰撞到其他游戏对象时，子弹消失并产生相应的碰撞效果。

方法：子弹根据坦克射击时的方向获得初始方向，只要移动目的地没有其他游戏对象就一直根据初始方向移动。

(3) 随机移动的敌方坦克、敌方坦克射击子弹。

通过键盘调用函数进行我方坦克的移动操作，移动过程中我方坦克不能与界面窗口边界或其他游戏对象重合，敌方坦克通过生成随机数进行相对应的随机操作。

方法：我方坦克通过键盘事件和定时器事件实现游戏对象的控制，随机生成数控制敌方坦克的移动和射击。

(4) 游戏界面及其状态栏。

当我方坦克生命值为 0 或我城堡被击破时，游戏失败。当我方坦克击败敌方所有坦克时，游戏胜利。

方法：设定变量分别记录我方坦克生命值、敌方坦克数量和城堡生命值。

坦克大战的功能设计有以下几处难点：

(1) 游戏地图生成的墙壁数量较多，直接单一生成需要繁杂的代码，并且生成的墙壁类型不一定相同，可通过地图文件 map.txt 计算出对应的墙壁坐标，文件中 0 代表空，1 代表可摧毁墙壁，如图 2-69 所示。

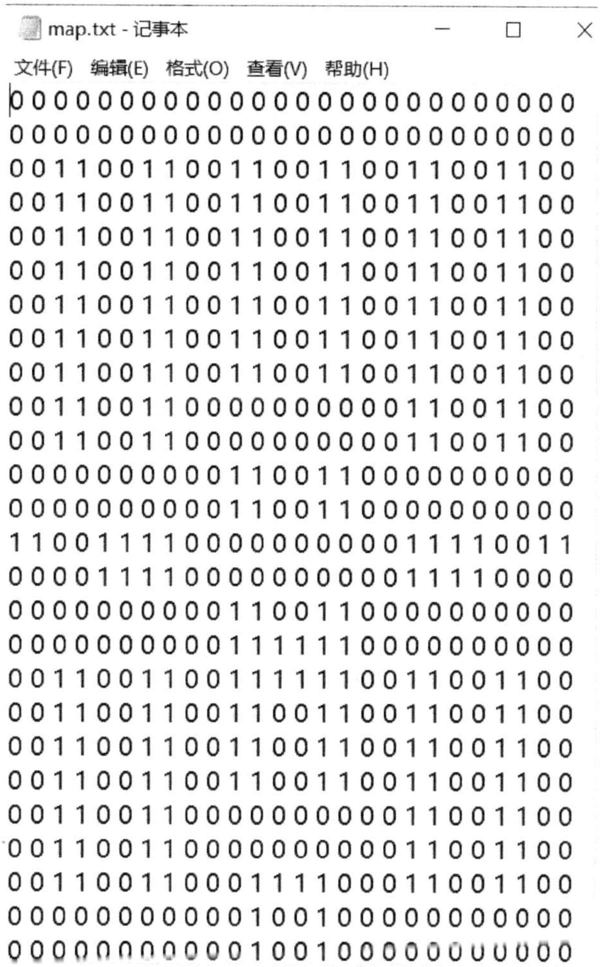

图 2-69　游戏地图 map.txt 文件

(2) 当子弹与墙壁碰撞时需要将墙壁消除，首先要把对应的墙壁对象释放掉，同时把游戏窗口上保留的墙壁图片擦除。

(3) 敌人的移动和射击功能通过每次生成的随机数控制，随机生成 0～4 五个数字，对应射击和上下左右移动功能。使用 switch-case 函数来选择敌人的下一步操作，从而达到敌人随机移动和射击的效果。

2．关键功能的设计

(1) 子弹碰撞功能。

子弹碰撞功能设计，首先在子弹射击后根据初始方向移动，直到与游戏窗口边界或游戏对象碰撞后才消失。当与窗口边界碰撞时，子弹消失。当与游戏对象碰撞时，则对对应游戏对象产生相应的碰撞效果，然后子弹消失。子弹碰撞功能设计流程如图 2-70 所示。

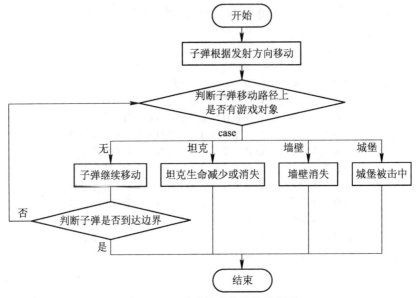

图 2-70　子弹碰撞功能设计流程图

(2) 敌方坦克随机移动功能。

　　敌方坦克随机移动功能，首先生成一个 0~4 的随机数，然后根据随机数进行相对应的操作。当随机数为 0 时，敌方坦克进行射击操作；当随机数为 1、2、3、4 时，敌方坦克分别进行上、下、左、右移动操作。敌方坦克随机移动功能设计流程如图 2-71 所示。

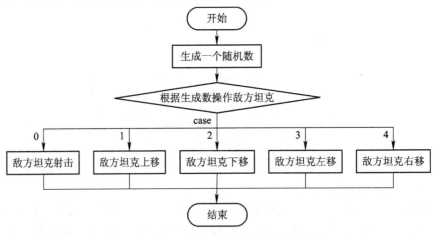

图 2-71　敌方坦克随机移动功能设计流程图

项目实现

1. 程序框架

该项目实现所需要的关键结构体、变量或常数定义如下：

(1) 坦克结构体。

坦克结构体定义如代码 2-44 所示。该代码定义了一个包含坦克在游戏中相关信息的结构体 tTank，包括坐标、宽度、高度、方向、生命、子弹、图片等。同时还定义了结构体变量 Tank(表示我方坦克)和数组 enemy(用于存储敌方坦克数量)，敌方坦克数量初始值为 10。

代码 2-44 坦克结构体定义。

```
struct tTank{              //坦克结构体
    int x;                 //x 坐标
    int y;                 //y 坐标
    int width;             //宽度
    int height;            //高度
    int direct;            //方向
    int flag;              //标记是否存在
    int life;              //生命
    typeBullet bullet;     //子弹
    ACL_Image pic;         //图片
};
typeTank Tank;
typeTank enemy[10];
```

(2) 子弹结构体。

子弹结构体定义如代码 2-45 所示。该代码定义了一个子弹结构体 tBullet，该结构体包含了子弹在游戏中的相关信息，包括当前的坐标、宽度、高度、方向等。其中 status 字段表示子弹是否存在，pic 则是子弹的图片。

代码 2-45 子弹结构体定义。

```
struct tBullet{
    double x;              //当前 x 坐标
    double y;              //当前 y 坐标
    int width;            //宽度
    int height;           //高度
    int direct;           //子弹方向
    int status;           //标记子弹是否存在
    ACL_Image pic;        //图片
};
```

(3) 墙壁结构体。

墙壁结构体定义如代码 2-46 所示。该代码定义了一个墙壁结构体 tWall，包括墙壁在游戏中的相关信息，如坐标、墙壁标记、墙壁宽度、墙壁高度等。其中 flag 表示墙壁的标记，pic 则是墙壁的图片，还定义了一个 wall 数组来存储多个墙壁，数组长度为 NUM_WALL。

代码 2-46 墙壁结构体定义。

```
struct tWall{
    int x;                    //x 坐标
    int y;                    //y 坐标
    int flag;                 //墙壁标记
```

```
        int width;                  //墙壁宽度
        int height;                 //墙壁高度
        ACL_Image pic;              //墙壁图片
    };
    typeWall wall[NUM_WALL];        //墙壁
```

该项目需要通过定时器事件来控制我方坦克和敌方坦克的子弹移动操作，并通过键盘事件来控制坦克的移动和射击操作，其函数及调用关系如图 2-72 所示。

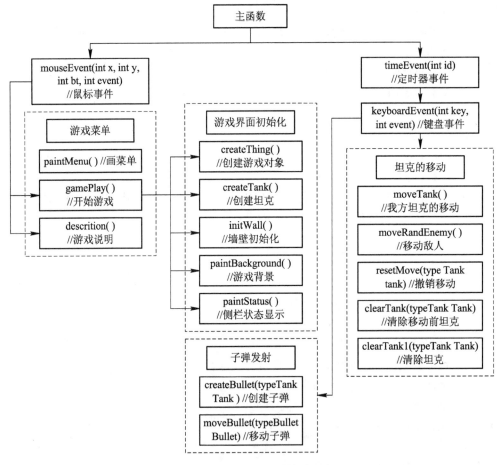

图 2-72   整体程序函数框架图

2. 关键功能的实现

(1) 子弹碰撞功能伪代码。

子弹状态的初始化值为 1，表示子弹存在。子弹的方向与坦克发射时的方向一致。在移动过程中，如果子弹超出边界，则子弹状态变为 0，表示子弹已消失。在判断与其他游戏对象的碰撞时，如果碰到了墙壁，则该墙壁会被消除，子弹也会消失；如果碰到了敌人，则该敌人会被消除，敌人数量减少一个，同时子弹也会消失。子弹碰撞功能伪代码如代码 2-47 所示。

代码 2-47 子弹碰撞功能伪代码。

```
//子弹碰撞伪代码
初始化子弹的状态为 1;
子弹方向由坦克发射时的方向决定
if(子弹状态为 0){
    Return;
}
子弹进行移动
if(判断子弹是否到达边界){
    子弹状态变为 0;
}
if(判断是否其他游戏对象){
    if(墙壁){
        墙壁消除;
        子弹消除;
    }
    if(敌人){
        该敌人消除;
        敌人数量减少一个;
        子弹消失;
    }
}
```

(2) 敌方随机移动功能伪代码。

在开始移动前会生成一个随机数,根据随机数的不同执行相应的动作,比如发射子弹或移动方向不同。在执行移动时,会对移动路径进行判断,以防止撞到游戏对象或坦克到达边界而进行撤销操作。如果坦克已经被消除,则删除该坦克。敌方随机移动功能伪代码如代码 2-48 所示。

代码 2-48 敌方随机移动功能伪代码。

```
//敌方随机移动功能伪代码
生成随机数
switch(随机数){
    case 0:  坦克发射子弹;
    case 1:  坦克向上移动;
    case 2:  坦克向下移动;
    case 3:  坦克向左移动;
    case 4:  坦克向右移动;
}
if(对移动路径判断是否有游戏对象或坦克到达边界){
    移动撤销;
```

```
    }
    if(坦克状态为 0){
        消除坦克
    }
```

实现效果

坦克大战游戏主菜单界面如图 2-73 所示，可用鼠标点击选择开始游戏或查看游戏说明。

图 2-73　游戏主菜单界面

用鼠标点击"说明"，即可显示游戏操作使用的键位，如图 2-74 所示。

图 2-74　游戏说明界面

用鼠标点击"开始"后，初始化所有游戏所需对象，我方坦克初始化在最下方，敌方坦克初始化在最上方，如图 2-75 所示。

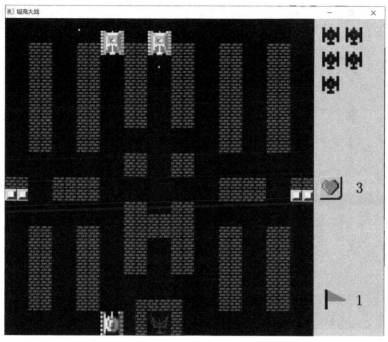

图 2-75　游戏游玩界面

当城堡被击毁或右侧显示我方坦克生命数量为 0 时，游戏失败，如图 2-76 所示。

图 2-76　游戏失败界面

当击败敌方所有坦克，右侧显示敌人数量为空时，游戏胜利，如图 2-77 所示。

图 2-77   游戏胜利界面

不足与改进

该项目在设计与实现过程中存在以下不足与可改进的地方：

(1) 子弹与子弹碰撞没有实现双方子弹同时消除的效果。

(2) 因为敌方子弹移动重复调用了我方子弹移动的函数，并且子弹初始化没有对双方子弹进行区别化，所有敌方子弹能击中另一个敌人。

(3) 游戏玩法可以进一步丰富，在游戏时间到达一定数值时可以生成特殊道具，增加游戏的趣味性。

第3章 棋牌游戏类

项目15 五 子 棋

项目简介

本项目设计的是一款老少皆宜、较为传统的五子棋小游戏。棋盘大小设定为19×19，棋子放在交叉点儿上，双方玩家各执一色，轮流下棋，先将横、竖、斜线方向上的五个同色棋子连成不间断的一排者胜出。

项目难度：适中。

项目复杂度：适中。

项目需求

1. 基本功能

(1) 棋盘初始化。完成19×19规模的棋盘绘制、黑白棋子绘制以及游戏按钮绘制。

(2) 下棋功能。玩家可以通过单击鼠标左键或右键进行下棋，在棋盘内鼠标点击即可生成棋子，完成下棋。使用同一鼠标时，若玩家甲通过单击鼠标左键下棋，玩家乙通过单击鼠标右键完成下棋，则可以实现简单的双人对弈。

(3) 人机对战功能。机方对棋盘全局进行扫描，通过评分表对棋盘位置进行打分，选取分数最高的空位置下棋。

(4) 悔棋功能。玩家通过鼠标单击游戏界面上的"悔棋"按钮完成悔棋功能，悔棋方重新下棋。

(5) 胜负判定功能。先将横、竖、斜线方向上的五个同色棋子连成不间断的一排者胜出，此时游戏结束，可选择再来一局或退出游戏。

2. 拓展功能

(1) 设计难度不同的机器人算法，玩家可以选择不同难度的游戏等级、游戏规则、玩法模式等，增加游戏的趣味性。

(2) 残局模式，可预先设定残局关卡，让玩家闯关，增加游戏的挑战性。

(3) 联机对战，联机双方进行竞赛。

项目设计

1. 总体设计

根据项目的基本功能需求和游戏规则的设定，五子棋总体设计规划功能如图 3-1 所示。

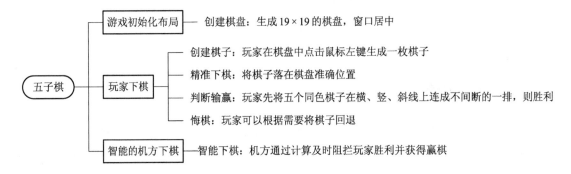

图 3-1   五子棋总体设计规划功能图

具体功能设计介绍如下：

(1) 初始化布局。

按 19×19 规模的棋盘进行绘画。

方法：以坐标轴为起始线，根据计算的棋盘线与线之间的间距，通过循环语句完成图形绘画。

(2) 游戏对象的移动。

玩家可以通过鼠标在棋盘上移动，寻找下棋点。

方法：调用鼠标函数。

(3) 玩家下棋。

玩家通过单击鼠标左键落下一枚棋子，并且准确落在棋盘横竖线的交叉点上，下棋范围仅限棋盘内。

方法：调用鼠标函数，根据棋盘大小设置下棋范围，设置只能在范围内才可以下棋，在其他地方下棋无效，并且根据鼠标单击位置的坐标，计算落在棋盘哪个十字交线上，具体计算方法为(单击位置的坐标－棋盘初始坐标) / 棋盘间距 × 棋盘间距 ＋ 棋盘初始坐标。

(4) 游戏输赢规则。

游戏玩家分为真实玩家和机方玩家，先将横、竖、斜线上的五个同色棋子连成不间断的一排的一方即可赢得游戏，反之则输掉游戏。

方法：下棋点的坐标位置为中心向四条线进行扫描，在同一线上棋子颜色相同，则棋子数目加一，不相同则结束循环，进入下一条线的扫描。任一颜色的棋子扫描的数目为 4，则该颜色的棋子获胜。

五子棋的功能设计有以下几处难点：

(1) 各种游戏对象(黑白棋子)是否重叠的判断，该功能可以抽象成二维数组对应位置是否被标记，可以定义成一个函数。

(2) 在玩家回合中，玩家在棋盘范围内使用鼠标点击时，棋盘出现棋子，并且准确落在棋盘十字交线上。

(3) 人机对战中，机方下棋算法的设计、评分表的设计。

(4) 判断五个同色棋子在横、竖、斜线上是否连成不间断的一排。

2．关键功能的设计

(1) 悔棋功能。

在悔棋中，使用一个结构体记录每一个已下棋子的坐标和颜色，然后将棋盘重新绘画，读取结构体的前一个坐标和颜色将它附为初始值，然后重新打印标记数组 Matrix[][]里的已标记的棋子，如图 3-2 和图 3-3 所示。

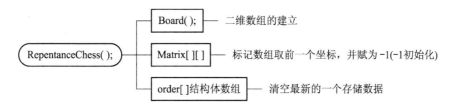

图 3-2　悔棋功能函数设计及关系图

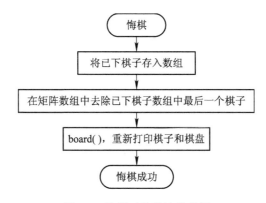

图 3-3　悔棋功能设计流程图

(2) 人机对战算法功能。

机方玩家下棋首先要对棋盘进行全局扫描，将棋盘分成若干个五元组，计算五元组中机方玩家下棋数和真实玩家下棋数，将其传入评分表进行评分，将结果放入评分数组，然后通过评分数组将各个五元组的分数进行累加，选取评分最高并且空位的点下棋，如图 3-4 和图 3-5 所示。

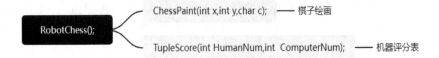

图 3-4　人机对战算法函数设计及关系图

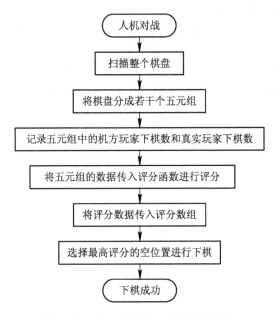

图 3-5　人机对战算法功能设计流程图

项目实现

1. 程序框架

(1) 棋盘绘画。

棋盘绘画代码如代码 3-1 所示。

代码 3-1　棋盘绘画。

```
void Board(){
    int n=19, i=0;
    beginPaint();
    setPenWidth(3);                    //线段粗细为 3
    setPenColor(RGB(0, 0, 0));         //黑色
    //棋盘边框加粗
    line(50, 50, 50, 500);
    line(500, 50, 500, 500);
```

```
        line(50, 50, 500, 50);
        line(50, 500, 500, 500);
        //19*19 的棋盘绘画
        for(i=0; i<19; i++){
            setPenWidth(1);
            line(50+i*25, 50, 50+i*25, 500);
            line(50, 50+i*25, 500, 50+i*25);
        }
        //将棋盘中的特殊点标出
        setBrushColor(RGB(0, 0, 0));
        ellipse(271, 271, 279, 279);
        ellipse(121, 121, 129, 129);
        ellipse(421, 121, 429, 129);
        ellipse(421, 421, 429, 429);
        ellipse(121, 421, 129, 429);
        endPaint();
    }
```

(2) 按钮绘画。

按钮绘画代码如代码 3-2 所示。

代码 3-2 按钮绘画。

```
    void ButtonPaint(){
        beginPaint();
        setTextSize(40);
        setTextBkColor(EMPTY);
        setTextFont("楷体");
        paintText(600, 20, "智能");
        paintText(580, 65, "五子棋");

        setBrushColor(RGB(255, 153, 18));
        roundrect(590, 160, 710, 210, 60, 50);
        setTextSize(20);
        setTextFont("楷体");
        setTextBkColor(EMPTY);
        paintText(610, 175, "人人对战");

        setBrushColor(RGB(255, 153, 18));
        roundrect(590, 220, 710, 270, 60, 50);
```

```
        setTextSize(20);
        setTextFont("楷体");
        setTextBkColor(EMPTY);
        paintText(610, 235, "人机对战");

        setBrushColor(RGB(255, 153, 18));
        roundrect(590, 280, 710, 330, 60, 50);
        setTextSize(20);
        setTextFont("楷体");
        setTextBkColor(EMPTY);
        paintText(610, 295, "重新开始");

        setBrushColor(RGB(255, 153, 18));
        roundrect(590, 340, 710, 390, 60, 50);
        setTextSize(20);
        setTextFont("楷体");
        setTextBkColor(EMPTY);
        paintText(630, 355, "悔棋");
    }
    endPaint();
```

(3) 提示棋子颜色小标题绘画。

提示棋子颜色小标题绘画代码如代码 3-3 所示。

代码 3-3 提示棋子颜色小标题绘画。

```
    void TitlePaint(){          //提示棋子颜色小标题
        setTextSize(25);
        setTextFont("楷体");
        setTextBkColor(EMPTY);
        paintText(450, 10, "准备");
        if(cnt= =1) {
            loadImage("img/黑棋.gif", &img1);
            putImageTransparent(&img1, 410, 10, 30, 30, black);
        }
        else if(cnt= =0){
            loadImage("img/白棋.gif", &img0);
            putImageTransparent(&img0, 410, 10, 30, 30, black);
        }
    }
```

该项目的整体程序函数框架如图 3-6 所示。

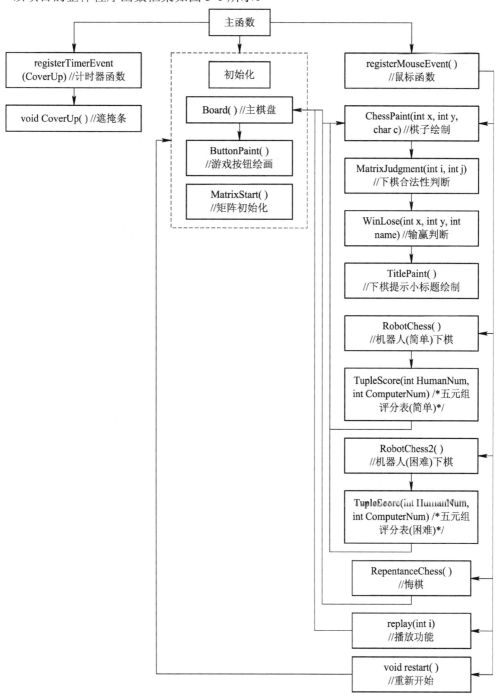

图 3-6　整体程序函数框架图

2．关键功能的实现

（1）悔棋。

在悔棋中，先使用一个结构体记录已下棋子的坐标和颜色，然后将棋盘重新绘画，读取结构体的前一个坐标和颜色并附为初始值，然后重新打印标记数组 Matrix[][]里已标记的棋子，如代码 3-4 所示。

代码 3-4   悔棋功能伪代码。

```
//悔棋  伪代码
typedef struct Order{
    已下棋子的横坐标
    已下棋子的纵坐标
    已下棋子的颜色
}Order;
Order order[361];
void RepentanceChess(){
    int i,j;
    beganPaint();
    重新绘画棋盘
    棋子总数减一
    读取前一个坐标，并赋为 –1(–1 初始化)
        已下棋子的存放结构体数组的最后一个位置清空
        重新在棋盘绘画剩余棋子
    endPaint();
}
```

(2) 人机对战算法。

人机对战的具体算法图解如图 3-7 所示。

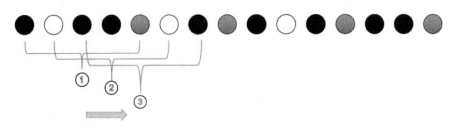

(默认玩家先手并为黑棋)

① 白棋数: 1; 黑棋数: 3

② 白棋数: 2; 黑棋数: 3

③ 白棋数: 1; 黑棋数: 4

评分表

```
if(writechess>0&&black>0)
    return 0;
else if(writechess==1)
    return ......;
else if(writechess==2)
    return ......;

else if(blackchess==1)
    return ......;
```

如图所示，将棋盘每五个棋子为一组，计算出每组黑白棋子的个数，将黑白棋子的个数传入评分表进行评分，将评分结果赋值给 score 这个二维数组对应的五个位子上

图 3-7   人机对战算法图解

机方评分表如表 3-1 所示。

表 3-1 机 方 评 分 表

五元组棋子数目	分 值
全部真实玩家和机方玩家都有棋子	0
没有棋子	7
机方玩家 1 子	35
机方玩家 2 子	800
机方玩家 3 子	15 000
机方玩家 4 子	800 000
真实玩家 1 子	15
真实玩家 2 子	400
真实玩家 3 子	18 000
真实玩家 4 子	810 000

实现效果

游戏开始界面设置了两种游戏模式(人人对战和人机对战),还设置了三个小功能(重新开始、悔棋和回放),如图 3-8 所示。

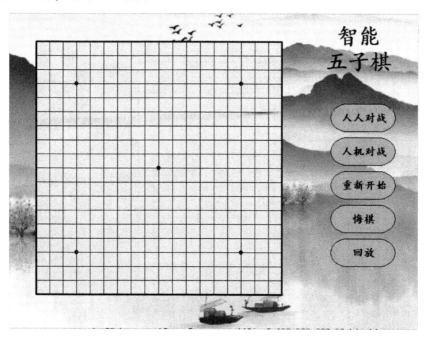

图 3-8 游戏开始界面

人机对战模式还设置了难度选择功能,采用两种不同的人机算法,提高游戏的趣味性,如图 3-9 所示。

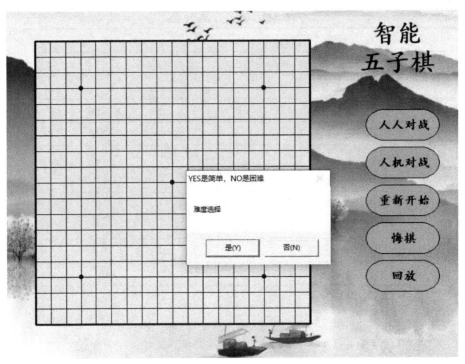

图 3-9　人机对战模式

当鼠标点击"悔棋"按钮时，棋盘中会消失最近时间点所下的一颗黑子和一颗白子，如图 3-10 和图 3-11 所示。

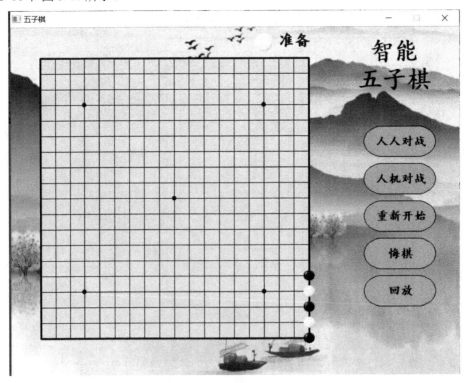

图 3-10　悔棋前

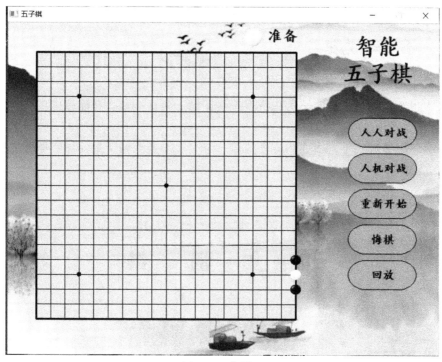

图 3-11 悔棋后

当黑白任意一方先达到横、竖、斜线上的五个同色棋子连成不间断的一排时，即可赢得游戏，并且游戏结束，如图 3-12 所示。

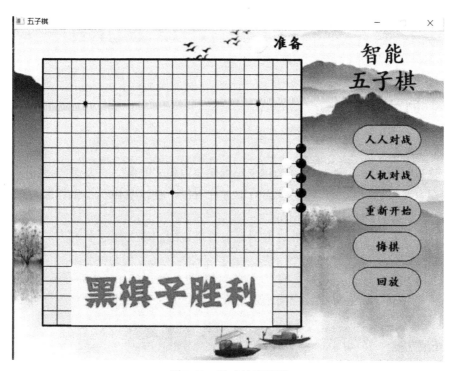

图 3-12 游戏结束界面

不足与改进

本项目还存在以下不足之处：

(1) 人机算法中棋盘的四个边角位置无法计算，并且机器的智能程度只达到预先计算一步的水平。

(2) 为了设置游戏不同模式和方便传值，定义了不少全局变量，导致加大了程序的复杂性和排错难度。

项目 16　围　　棋

项目简介

本项目设计的是一款策略型两人棋类小游戏——围棋。棋盘为 19×19，棋子放在交叉点上，两人各执一色，轮流下棋，棋盘上有纵横各 19 条线段，361 个交叉点，棋子必须走在空格非禁着点的交叉点上，双方交替下棋，落子后不能移动或悔棋，以目数多者为胜。

项目难度：难。

项目复杂度：适中。

项目需求

1. 基本功能

(1) 棋盘初始化。完成 19×19 的棋盘绘制和黑白棋子绘制，以及游戏按钮绘制。

(2) 玩家可以通过点击鼠标左键或右键进行下棋。在棋盘内点击鼠标即可生成棋子，完成下棋，可以进行简单的双人对战。

(3) 吃棋子。黑白任意一方被对方围起来时，被围起来的棋子要消失，并且这些位置可以重新下棋。

(4) 输赢判断。在下一定数目的棋子后，棋盘里面剩下颜色多的棋子获得胜利。

(5) 人机对战。机方对棋盘全局进行扫描，通过评分表对棋盘位置进行打分，选取分数最高的空位置下棋。

2. 拓展功能

(1) 输赢判断规则的完善。

(2) 设计不同难度的机器人算法，玩家可以进行不同难度的游戏体验。

(3) 可以进行联机对战，联机双方进行竞赛。

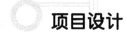
项目设计

1. 总体设计

根据项目的基本功能需求和游戏规则的设定，围棋总体设计规划功能如图 3-13 所示。

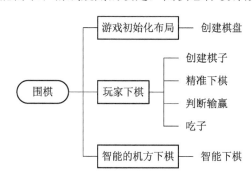

图 3-13　围棋总体设计规划功能图

具体功能设计如下：

(1) 初始化布局。

按 19×19 个格子的棋盘绘画。

方法：计算棋盘线与线之间的间距，使用循环进行绘制图形绘画。

(2) 玩家下棋。

玩家通过点击鼠标左键落下一枚棋子，并且准确落在棋盘横竖线的交叉点上，并且下棋范围仅限棋盘内。

方法：使用鼠标函数，根据棋盘大小设置下棋范围，设置只能在范围内才可以下棋，在其他地方下棋无效，并且根据鼠标点击位置的坐标，计算落在棋盘哪个十字交线上，具体计算方法为(点击位置的坐标 − 棋盘初始坐标) / 棋盘间距 × 棋盘间距 + 棋盘初始坐标。

(3) 吃子。

玩家可以将对方棋子围起来，被围住后的棋子消失并且这些位置可以重新下棋。

方法：函数 1 使用双层 for 循环遍历了所有位置，判断如果该位置无棋子，则跳过本次循环检测下个位置；如果有棋子，则定义一个 19×19＝361 空间的 int 数组，并且将此数组的长度更新为 1，将该坐标记录在 int 型的数组里。创建一个函数 2，为函数 1 正在遍历棋子的坐标值，递归调用直至遍历了所有与坐标处的棋子颜色相同的棋子并将它们逐个记录在数组里。最后判断存进数组中的坐标的四周是否有空位，没有空位则数组内存入坐标的棋子消失。

(4) 游戏输赢规则。

双方在下一定数目的棋子后，棋盘里面剩下棋子颜色多的一方获得胜利。

方法：在下一定数目的棋子后，扫描棋盘，查看黑白棋子的个数，剩下棋子颜色多的一方获胜。

围棋的功能设计有以下几处难点：

(1) 各种游戏对象(黑白棋子)相互是否重叠的判断，该功能可以抽象成二维数组对应位置是否被标记，可以定义成一个函数。

(2) 在玩家回合中，玩家在棋盘范围内使用鼠标点击时，棋盘出现棋子，并且准确落在棋盘十字交线上。

(3) 吃子功能的设计。

(4) 人机对战中，机器方的下棋算法设计、评分表的设计。

2. 关键功能的设计

(1) 吃子功能。

将棋盘棋子同颜色相连的棋子连成"图"，判断"图"四周是否被另一个演示的棋子包围，如果被包围，则被围的棋子消失在棋盘中，没有被包围则继续判断下一幅"图"，如图 3-14 和图 3-15 所示。

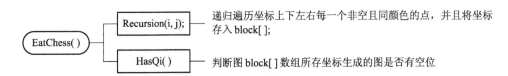

图 3-14　吃子功能函数设计及关系图

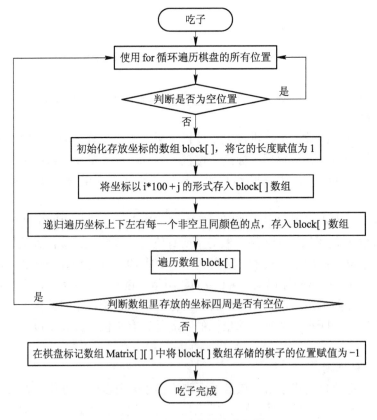

图 3-15　吃子功能设计流程图

(2) 人机对战下棋功能。

人机对战下棋首先对棋盘内所有连通图进行图遍历，寻找连通图周围的空位置，根据连通图空位的数目对联通图周围空位进行打分，空位越多分值越低，如图 3-16 和图 3-17所示。

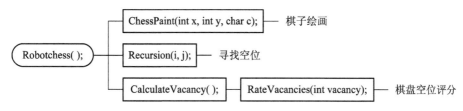

图 3-16　人机对战下棋功能函数设计及关系图

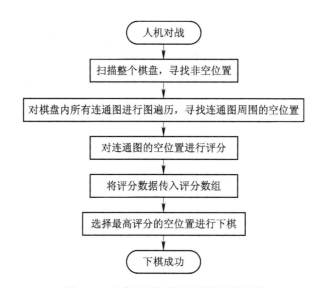

图 3-17　人机对战下棋功能设计流程图

项目实现

1. 程序框架

(1) 棋盘绘画。

计算棋盘线与线之间的间距，使用循环进行绘制图形绘画，绘制出 19×19 的棋盘，然后加粗棋盘的边框线段，并在棋盘中将特殊的点标出，如代码 3-5 所示。

代码 3-5　棋盘绘画。

```
void Board(){
    int n=19, i=0;
    beginPaint();
    setPenWidth(3);            //线段粗细为 3
    setPenColor(RGB(0, 0, 0));    //黑色
```

```
//棋盘边框加粗
line(50, 50, 50, 500);
line(500, 50, 500, 500);
line(50, 50, 500, 50);
line(50, 500, 500, 500);
//19*19 的棋盘绘画
for(i=0; i<19; i++){
    setPenWidth(1);
    line(50+i*25, 50, 50+i*25, 500);
    line(50, 50+i*25, 500, 50+i*25);
}
//将棋盘中的特殊点标出
setBrushColor(RGB(0, 0, 0));
ellipse(271, 271, 279, 279);
ellipse(121, 121, 129, 129);
ellipse(421, 121, 429, 129);
ellipse(421, 421, 429, 429);
ellipse(121, 421, 129, 429);
endPaint();
}
```

(2) 按钮绘画。

可根据自己的喜好确定按钮的位置，并通过设置颜色、大小、形状、字体等对游戏的功能按钮进行绘画，如代码 3-6 所示。

代码 3-6　按钮绘画。

```
void ButtonPaint(){
    beginPaint();
    setTextSize(40);
    setTextBkColor(EMPTY);
    setTextFont("楷体");
    paintText(600, 20, "智能");
    paintText(580, 65, "五子棋");

    setBrushColor(RGB(255, 153, 18));
    roundrect(590, 160, 710, 210, 60, 50);
    setTextSize(20);
    setTextFont("楷体");
    setTextBkColor(EMPTY);
    paintText(610, 175, "人人对战");
```

```
setBrushColor(RGB(255, 153, 18));
roundrect(590, 220, 710, 270, 60, 50);
setTextSize(20);
setTextFont("楷体");
setTextBkColor(EMPTY);
paintText(610, 235, "人机对战");

setBrushColor(RGB(255, 153, 18));
roundrect(590, 280, 710, 330, 60, 50);
setTextSize(20);
setTextFont("楷体");
setTextBkColor(EMPTY);
paintText(610, 295, "重新开始");


endPaint();
```

(3) 提示棋子颜色小标题绘画。

为了方便知道下一个要下的是什么颜色的棋子，可以增加提示棋子颜色的小标题，如代码 3-7 所示。

代码 3-7　提示棋子颜色小标题绘画。

```
void TitlePaint(){          //提示棋子颜色小标题
    setTextSize(25);
    setTextFont("楷体");
    setTextBkColor(EMPTY);
    paintText(450, 10, "准备");
    if(cnt= =1) {
        loadImage("img/黑棋.gif", &img1);
        putImageTransparent(&img1, 410, 10, 30, 30, black);
    }
    else if(cnt= =0){
        loadImage("img/白棋.gif", &img0);
        putImageTransparent(&img0, 410, 10, 30, 30, black);
    }
}
```

整个游戏程序由多个函数组成，函数之间相互调用，如游戏中较为重要的下棋函数 Chesspaint(int x,int y)就被多个函数调用，人方下棋、机方下棋都要使用到它。将较为常用的功能代码写成函数，可以降低代码的复杂度，进而提高代码的可读性、可维护性。游戏程序中各个函数间的关系如图 3-18 所示。

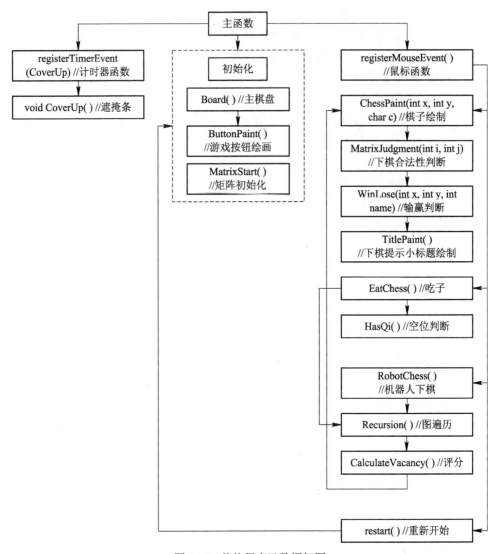

图 3-18   整体程序函数框架图

2. 关键功能的实现

(1) 吃子。

吃子相关代码如代码 3-8 所示，图遍历空位置相关代码如代码 3-9 所示。

代码 3-8   吃子相关代码。

```
bool eatchess(){
    int i, j, t, k;
    对于棋盘的每一个 x 坐标:
        对于棋盘的每一个 y 坐标:
            如果该位置无棋子{
                continue;
            }else{
```

```
初始化存放坐标的数组 block
数组长度 blockLength 赋值为 1
block[0]=i*100 + j;
recursion(i, j);
if(hasQi())
    continue;
else {
    在棋盘里清空 block 数组所存放坐标中的棋子;
}
    }
return false;
}
```

代码 3-9　图遍历空位置相关代码。

```
void recursion(int i, int j){
    递归遍历坐标上下左右每一个非空且同颜色的点，并且将坐标存入 block[];
}
bool hasQi(){
    int i, j, t;
    for(t = 0; t < blockLength; t++){
        寻找 block[]里存放的坐标四周是否有空位，如果有则 return true;
    }
    return false;
}
```

(2) 人机对战算法。

人机对战算法采用了评分表的方法，机方通过计算棋盘中人方每段连续棋子周围的空位置个数(见代码 3-10)对其进行评分，空位置越少，评分越高(见代码 3-11)，机方会在评分最高的位置下棋。

代码 3-10　机方下棋分值计算相关代码。

```
int score[19][19];        //评分数组
void Robotchess(){
    int i,j,k;
    int maxScore = -1;
    int bestX = -1, bestY = -1;
    score[19][19]初始化;
    for(i=0; i<19; i++){
        for(j=0; j<19; j++){
            if(棋子是白子){
                block[]数组初始化;
```

```
                blockLength = 1;
                block[0] = i*100 + j;
                recursion(i,j);
                CalculateVacancy();
            }
        }
    }
    for(i = 0; i < 19; i++){          //从空位置中找到得分最大的位置
        for(j = 0; j < 19; j++){
            if(Matrix[i][j] == -1 && score[i][j] > maxScore){
                bestX = i;
                bestY = j;
                maxScore = score[i][j];
            }
        }
    }
    if(bestX!= -1 && bestY != -1){
        在坐标(bestX,bestY)下棋;
    }
}
void CalculateVacancy(){
    int i, j, t, p, q;
    int vacancy=0;
    int scoretem=0;

    for(t = 0; t < blockLength; t++){
        i = block[t]/100;
        j = block[t]%100;
        在坐标(i, j)的四周寻找空位并计算空位数量;
    }
    scoretem=RateVacancies(vacancy);          //根据空位数进行评分
    将评分结果传入 score[][];
}
```

代码 3-11   评分表。

```
int RateVacancies(int vacancy){          //空位评分表
    if(vacancy>=10){
        return 5;
    }else if(vacancy>=8&&vacancy<10){
        return 20;
```

```
    }else if(vacancy>=6&&vacancy<8){
        return 50;
    }else if(vacancy>=4&&vacancy<6){
        return 100;
    }else if(vacancy= =3){
        return 1000;
    }else if(vacancy= =2){
        return 8500;
    }else if(vacancy= =1){
        return 50000;
    }else if(vacancy= =0){
        return 0;
    }
}
```

实现效果

游戏开始界面设置了两种游戏模式，即人人对战和人机对战，如图 3-19 所示。

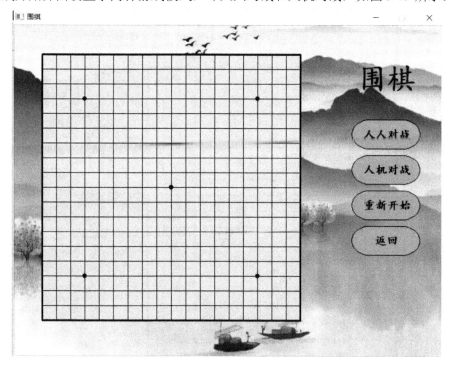

图 3-19　游戏开始界面

　　如果棋子全都被另一个颜色的棋子围起来，则被围棋子就会被另一个颜色的棋子吃掉，在棋盘消失，如图 3-20 和图 3-21 所示。

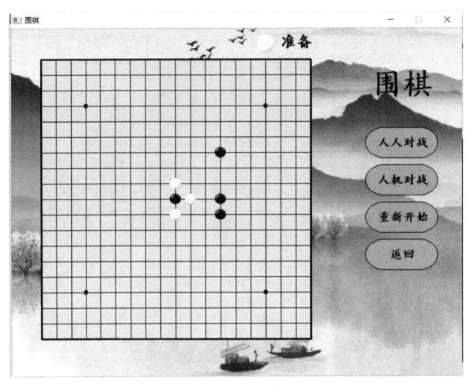

图 3-20　吃子前

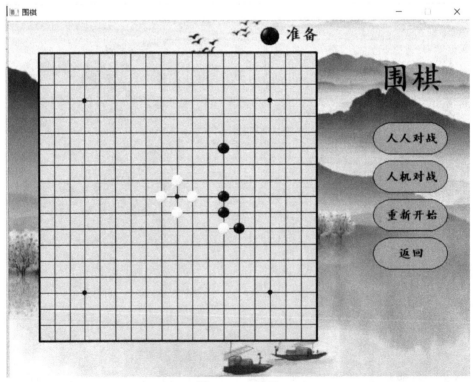

图 3-21　吃子后

胜负判断的规则是黑白双方在下完相同数目的棋子后，棋盘中棋子颜色数最多的一方获胜，如图 3-22 所示。

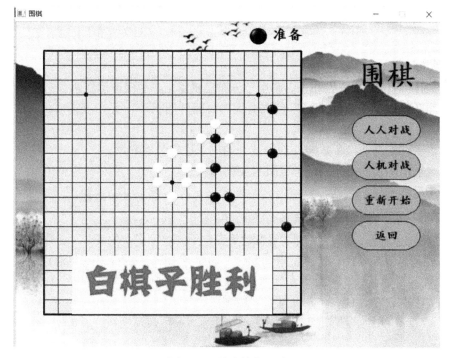

图 3-22　游戏结束界面

不足与改进

本项目还存在以下不足之处：

(1) 人机算法中机器算法比较简单。

(2) 为了设置游戏不同模式和方便传值，定义了不少全局变量，导致加大了程序的复杂性和排错难度。

项目 17　象 棋 翻 棋

项目简介

本项目设计的是一款中国象棋翻棋的小游戏。玩家可以通过翻开棋子、移动被翻开的棋子进行游戏。可以根据开发者的兴趣自由设定具体规则和玩法。

项目难度：适中。

项目复杂度：适中。

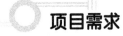 **项目需求**

1. 基本功能

(1) 布局功能。随机打乱棋子，将棋子分布在棋盘上，并保证黑红两方的棋子数量一致。

(2) 翻开棋子功能。通过用户点击确认需要翻开的棋子，并在点击后将棋子翻开，展示棋子。

(3) 棋子移动功能。用户能够选中翻开的棋子进行位置移动。

(4) 棋子消除功能。用户能够通过规则消除棋子。

(5) 实现基本用户交互。

2. 拓展功能

(1) 可以通过游戏布局、各种游戏参数等设定不同难度层次的关卡，提升游戏的趣味性。

(2) 实现智能下棋，让计算机自动翻棋，自动选择棋子进行移动并消除敌方棋子，从而达到通关的目的。

(3) 可以进行联机对战、人机对战。

项目设计

1. 总体设计

根据项目的基本功能需求和游戏规则的设定，象棋翻棋总体设计规划功能如图 3-23 所示。

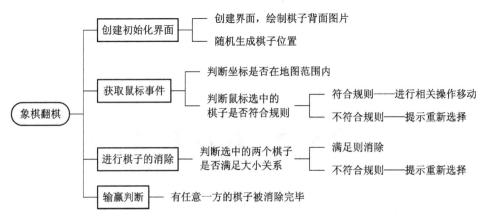

图 3-23   象棋翻棋总体设计规划功能图

具体功能设计如下：

(1) 初始布局。

随机生成棋子的布局情况，按照随机结果将棋子一一保存到二维数组中。初始统一展示棋子的背面。

(2) 游戏对象的移动。

棋子按照规则进行移动。按下鼠标左键时选中已经翻开的棋子，使用鼠标左键再次选中一个位置则进行棋子的移动。如果再次选中的位置有棋子，则进行规则判断是否可以消除，反之则棋子移动到选中的位置。

(3) 消除规则。

高等级的棋子可以吃同级和低等级的棋子。棋子等级如下：

帅/将 > 仕/士 > 相/象 > 车 > 马 > 炮 > 兵/卒

兵/卒可以吃帅/将。炮只能隔子吃，即中间必须隔一个子才可以吃掉棋子。相同的棋子(如帅与将)相遇时，拥有行走权的一方可将对方吃掉。

(4) 输赢规则

吃掉对方所有的棋子，如最后同时没有棋子时算平局。

象棋翻棋的功能设计有以下几处难点：

(1) 如何随机生成双方棋子，并保证棋子数量一致。可以设置双方各类棋子的计数器变量，进行生成的记录。当变量到达指定数量时，若再随机生成此类棋子将重新随机抽取，保证双方棋子数量一致。

(2) 如何判断选中的棋子是否属于棋手方、棋子是否翻开。可以使用专门的数组设置特殊值进行标记，通过搜寻数组下标对应的数组元素值进行判断。

(3) 如何判断棋子移动是否符合规则。可以设置不同的棋子移动判断函数，通过棋子的编号调用对应的判断函数进行判断。

(4) 如何判断棋子是否满足消除条件。可以将不同棋子设置不同的编号，通过比对棋子的编号，判断是否能够进行消除。

(5) 当棋子移动后不符合消除条件时，视为无效移动。此时应提示用户，无法移动并让用户重新选择移动位置或进行其他操作。

(6) 各种事件的合理使用，事件包括鼠标事件和定时器事件。比如，倒计时由定时器事件控制，棋子移动由鼠标事件控制。

2. 关键功能的设计

(1) 翻棋与选中功能设计。

通过接收鼠标点击的坐标进行对应行列的计算。寻找对应下标的数组元素值判断是否翻开，若翻开则进行选中，反之则进行棋子的翻面，如图 3-24 和图 3-25 所示。

(2) 消除功能设计。

通过比对两个棋子的编号进行规则搜寻，当满足普通规则或特殊规则时进行消除，否则返回重新操作，如图 3-26 和图 3-27 所示。

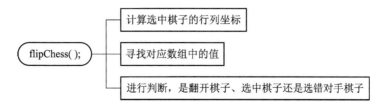

图 3-24　翻棋与选中功能设计思维导图

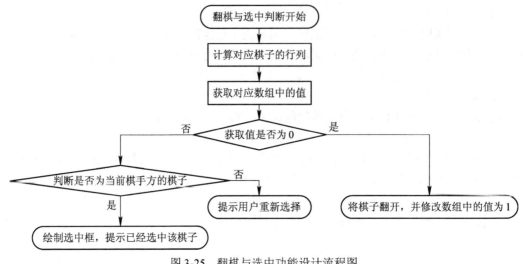

图 3-25　翻棋与选中功能设计流程图

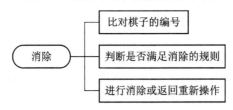

图 3-26　消除功能设计思维导图

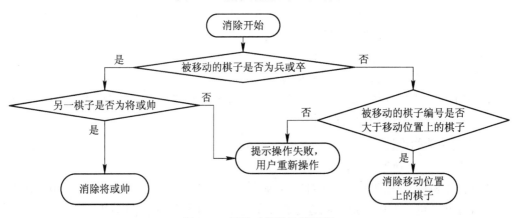

图 3-27　消除功能设计流程图

项目实现

1. 程序框架

该项目所需要的关键结构体、变量定义如下：

(1) 鼠标点击信息。

有关鼠标点击坐标的相关代码信息如代码 3-12 所示，定义结构体变量存储鼠标点击时的坐标以及对应地图的行列号。

代码 3-12 鼠标点击信息结构体。

```
typedef struct mouseSetting* mouseXY;
struct mouseSetting {
    int downX;        //鼠标左键按下时的 x 坐标
    int downY;        //鼠标左键按下时的 y 坐标
    int downH;        //鼠标左键按下时对应地图中的行号
    int downL;        //鼠标左键按下时对应地图中的列号
    int upX;          //鼠标左键松开时的 x 坐标
    int upY;          //鼠标左键松开时的 y 坐标
    int upH;          //鼠标左键松开时对应地图中的行号
    int upL;          //鼠标左键松开时对应地图中的列号
};
```

(2) 棋子结构体。

棋子相关信息代码如代码 3-13 所示，定义结构体变量存储每一个棋子的有关信息，如是否翻开、棋子编号、棋子图片、所属方等。

代码 3-13 棋子结构体。

```
struct chessMan {
    int chessFlag;         // 0 表示背面，1 表示正面，-1 表示空
    int chessImgNum;       //6 将 5 士 4 象 3 车 2 马 1 炮 0 卒 -1 空
    ACL_Image chessImg;
    int chessColorNum;     //0 代表红方，1 表示黑方，-1 代表空
};
typedef struct chessMan* chinaChess;
```

本项目的整体程序函数框架如图 3-28 所示。其中主要分为三个部分通过主函数进行调用，第一部分是有关定时器事件的函数，主要包括绘制图片与移动棋子；第二部分是有关鼠标事件的函数，主要包括对鼠标点击后的相关判断如选择棋子、翻开棋子等；第三部分是有关界面初始化的内容。

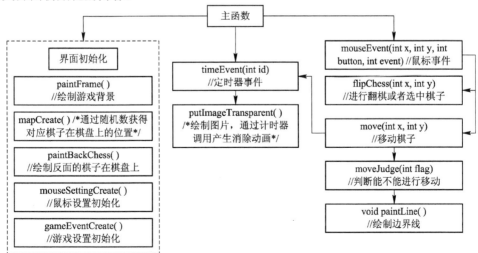

图 3-28　整体程序函数框架图

2. 关键功能的实现

(1) 翻转及选中。

通过选择棋子，判断棋子的状态。通过 if 语句判断所选棋子对应的编号是否为翻开状态、是否为自己的棋子，如果都不满足，则提示操作失败，如代码 3-14 所示。

代码 3-14　翻转及选中。

```
//翻转及选中
if 棋子编号为 0 then
    绘制对应棋子图片覆盖对应位置
else if
    if 棋子属于当前棋手方 then
        绘制边框提示已选中
    else then
        提示操作失败,重新操作
    end if
end if
```

(2) 棋子消除判断。

通过 if 语句以及设定好的规则判断先选的棋子和后选的棋子是否满足消除规则，满足则进行棋子消除以及棋子移动，否则将提示无法操作，如代码 3-15 所示。

代码 3-15　棋子消除判断。

```
//棋子的消除判断
if 移动位置上的棋子未翻开 then
    if 被移动的棋子为炮 then
        进行消除移动位置上的棋子并绘制炮的图片在移动位置上
    end if
    else
    if 被移动的棋子为兵/卒 then
        if 移动位置上的棋子为将/帅 then
            将/帅 被消除，兵/卒的图片绘制在移动位置上
        else then
            提示操作有误，重新操作
        end if
    else
    if 被移动的棋子编号大于移动位置上的棋子编号
        消除棋子，并绘制被移动棋子的图片
    else then
        提示操作有误，重新操作
    end if
end if
```

实现效果

游戏开始界面如图 3-29 所示，将棋子背面图绘制在所有的棋盘格上，默认红方先手。

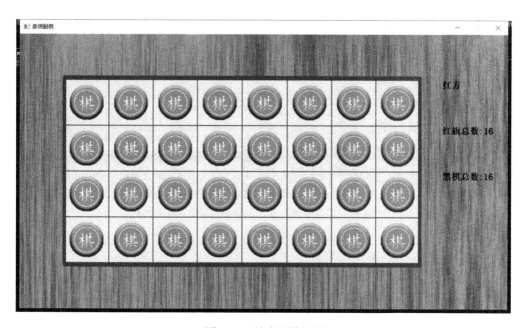

图 3-29　游戏开始界面

棋子被选中后会有边框颜色突出的提醒，如图 3-30 所示。

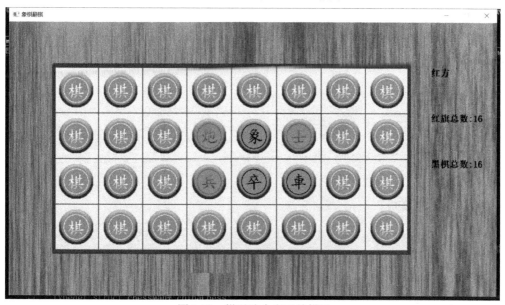

图 3-30　棋手选中自己的棋子

选中红色方的士去吃黑色方的象，消除棋子后将对应棋子移动到对应位置上，并刷新当前棋子的数量,如图 3-31 所示。

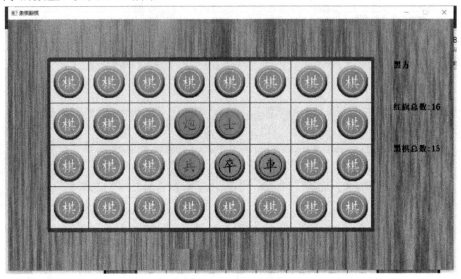

图 3-31   消除并进行棋子的计数(与图 3-30 对比)

不足与改进

本项目设计尚有较多不足之处,可以进一步修改,使游戏更加流畅美观,具体如下:

(1) 棋子移动动画较为简陋,可以通过进一步设置定时器的调用,达到较为流畅的移动效果。

(2) 棋子的移动函数中代码较为烦琐,可以进一步优化判断方式、移动后的相关设定,缩短代码长度。

(3) 棋子消除函数代码中判断内容较为简易,导致代码较多。可以优化设计一个较为良好的判断方式,缩短冗余代码提高判断效率,提高游戏体验。

项目 18   斗 地 主

项目简介

本项目设计的是一款经典游戏——斗地主。将 54 张扑克牌对场上三名玩家进行平均分牌(每人 17 张,剩余 3 张为地主牌)。游戏开始时三名玩家通过叫牌的方式抢地主,剩下两名玩家自动结盟,对抗地主,先出完牌的一方获胜。游戏可以根据开发者的兴趣自由设定新规则和新玩法。

项目难度:适中。

项目复杂度:复杂。

项目需求

1. 基本功能

(1) 实现洗牌和发牌，随机分配 54 张扑克牌。

(2) 单张玩法：玩家可以简单地按照牌面大小(由小到大顺序为 3、4、5、6、7、8、9、10、J、Q、K、A、2、小王、大王)单张出牌进行对决。

(3) 连号玩法：玩家按照牌面大小也可进行对子出牌(两张牌值一样的牌叫对子)。

(4) 经典玩法：玩家可按照多牌型进行对决，具体牌型为王炸、炸弹、飞机、四带二、单顺、双顺、三顺、三带一、三带二、三牌、对牌、单牌。

2. 拓展功能

(1) 实现联机，人人对决，可由多名玩家操控多个牌位。

(2) 实现人机对决，由一名真实玩家与两名机器玩家对决。

项目设计

1. 总体设计

根据项目的基本功能需求和游戏规则的设定,斗地主总体设计规划功能如图3-32所示。

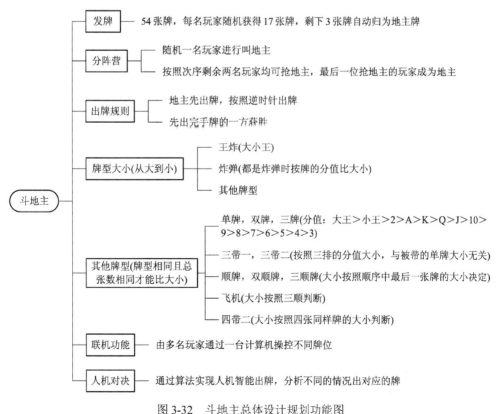

图 3-32 斗地主总体设计规划功能图

　　具体功能设计如下：

　　(1) 发牌。

　　54 张牌发给 3 名玩家，每名玩家得到 17 张牌，剩余 3 张牌自动归为地主牌。

　　(2) 分阵营。

　　3 名玩家通过自己所得 17 张手牌的牌面决定是否叫地主，当某位玩家叫完地主后，按照次序每位玩家均有且只有一次抢地主的机会。玩家选择抢地主后，如果没有其他玩家继续抢地主，则地主权利属于该名抢地主的玩家。

　　(3) 出牌规则。

　　将三张底牌交给地主，并亮出底牌让所有人都能看到。地主首先出牌，然后按逆时针顺序依次出牌，轮到玩家跟牌时，玩家可以选择不出或出比上一个玩家大的牌。某一玩家出完牌时游戏结束。

　　(4) 牌型大小。

　　王炸最大，可以打任意其他的牌；炸弹比王炸小，比其他牌大。都是炸弹时按牌的分值比大小；除王炸和炸弹外，其他牌必须要牌型相同且总张数相同才能比大小；单牌按分值比大小，依次是大王 > 小王 > 2 > A > K > Q > J > 10 > 9 > 8 > 7 > 6 > 5 > 4 > 3；对牌、三张牌都按分值比大小；顺牌按最大的一张牌的分值来比大小；飞机带翅膀和四带二按其中的三顺和四张部分来比，带的牌不影响大小。

　　(5) 联机功能。

　　由多名真实玩家控制多副牌，实现真实玩家与真实玩家之间的对决。

　　(6) 人机对决。

　　由一名真实玩家与两名机器玩家进行对决，机器玩家具有一定的智能性，会根据不同的情况出不同的牌。

　　斗地主的功能设计有以下几处难点：

　　(1) 实现 54 张牌的随机分牌。随机性的实现才能保证游戏的公平。

　　(2) 牌型对比。如何判断是否属于同一牌型，如果下一玩家所出牌型不同，那该如何阻止其出牌。

　　(3) 牌面大小。如何判断王炸最大，炸弹仅次于王炸，其他牌型之间的大小对比。

　　(4) 人机对决功能的实现。通过什么算法可以实现计算机智能出牌，让计算机的出牌具有合理性。

　　2. 关键功能的设计

　　(1) 人机自动出牌逻辑函数。

　　本项目的难点在于人机自动出牌的实现，需要通过算法实现符合逻辑的人机出牌，其函数设计流程如图 3-33 所示。

　　人机自动出牌逻辑函数主要实现人机自动出牌的逻辑，当上一名玩家出牌后计时器自动往下走顺时针轮到下一玩家出牌，首先判断上一位出牌玩家是否为自己，若是则自动出最小的牌，若不是则计算上一出牌牌数，并在自己手牌中找出上一出牌中最大张的下一张，判断上一出牌是否为单张，是则自己出遍历到的大牌，否则出对应牌数的牌。

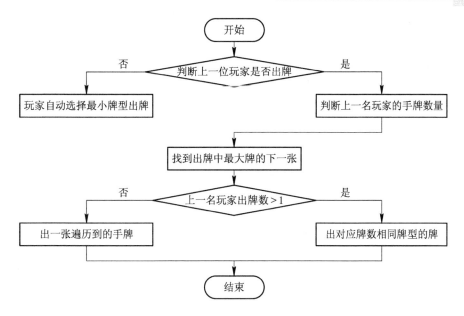

图 3-33 人机自动出牌逻辑函数设计流程图

(2) 随机分牌函数。

为了还原真实的玩法，随机分牌和牌数也是至关重要的一环。本项目通过 splitPoker 函数实现随机分牌，设计流程如图 3-34 所示。

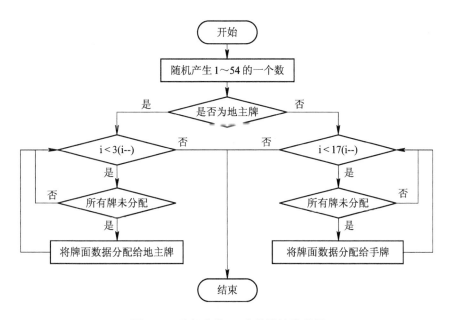

图 3-34 随机分发 17 张牌设计流程图

随机分牌函数主要实现随机分配三份 17 张的手牌和 3 张地主牌，随机产生 1~54 的数字为点数，判断其是否做地主牌(最后三张为地主牌)，若是，则判断该牌是否被分配过，未被分配则记录入数组。手牌分配做法与此相同。

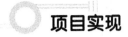

项目实现

1. 程序框架

该项目实现所需要的关键结构体、变量或常量定义如下：

(1) 每张扑克牌。

斗地主游戏中最重要的就是扑克牌，每张扑克牌都有对应的点数、牌号、图案、状态和位置，当牌被选中和没被选中时所处的横纵位置也不一样，需要根据扑克牌的状态来改变其位置坐标，如代码 3-16 所示。

代码 3-16　每张扑克牌的结构体定义。

```
struct Poker{              //一张牌
    int flag;              //玩家标识
    int number;            //点数
    int index;             //牌号
    ACL_Image img;         //图片
    char check;            //选中状态，1 表示选中，0 表示没有选中
    char live;             //出牌状态，1 表示牌还在手中，0 表示牌已经打出
    int x1, y1, x2, y2;    //位置坐标
};
```

(2) 每位玩家信息。

每位玩家在对局中的信息由玩家出牌类型、当前身份(地主/农民)、胜利与否组成，顺子和炸弹区分大小采用记录所出牌的尾数来判断，具体代码如代码 3-17 所示。

代码 3-17　每位玩家的信息结构体定义。

```
struct PlayerInfo{
    int PokerType[8];           //判断玩家手牌中的类型
    int landlord;               //判断该玩家是否为地主，是则为 1，不是则为 0
    int bomb;                   //炸弹的最后一张
    int succession_best;        //单顺子最后一个数
    int twosuccession_best;     //连对最后一个数
    int threesuccession_best;   //三顺最后一个数
    char win;                   //判断该玩家是否为最终赢家
};
```

该项目通过鼠标事件来出牌，出牌后的牌将置于另一变量中，后续跟牌玩家根据该变量判断自己的出牌选择，以此循环，直到场上出现手牌为零的玩家时游戏结束，其函数调用关系如图 3-35 所示。

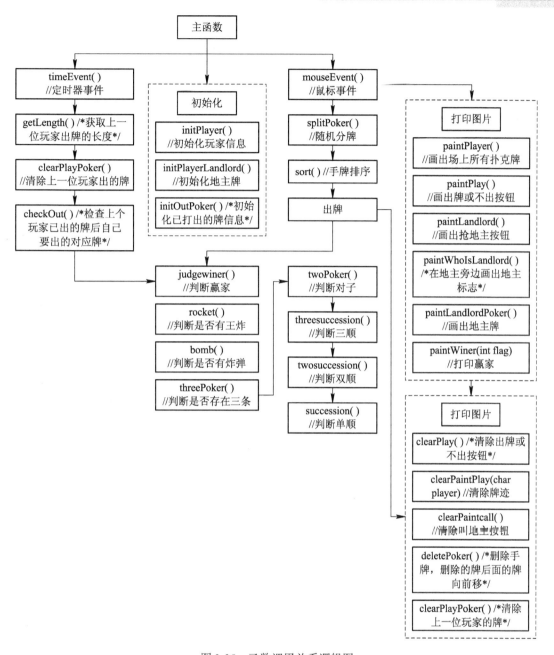

图 3-35　函数调用关系逻辑图

2. 关键功能的实现

(1) 定时器事件(实现人机自动出牌)。

本项目的技术难题在于让人机按照游戏规则自动出牌,需要考虑玩家出牌顺序、出牌逻辑以及胜负判断,具体代码如代码 3-18 所示。

代码 3-18　定时器事件函数。

```
void timerEvent(int time)
{
```

```
        gametimes = gametimes % 3;
        if(tonum < All_POKER_NUM && step == 1){
            if(gametimes == 0 && Is_You == 1){
                judgewiner(player1);
                Is_You = 1;
            }else if(gametimes == 1 && Is_You == 4){
                rocket(player4);
                if(playerinfo4.PokerType[0] == 10){
                    playRocket(player4);
                }
                checkOut(player4,getLength(playPoker));
                judgewiner(player4);
                Is_You = 3;
            }else if(gametimes == 2 && Is_You == 3){
                rocket(player3);
                if(playerinfo3.PokerType[0] == 10){
                    playRocket(player3);
                }
                checkOut(player3,getLength(playPoker));
                judgewiner(player3);
                Is_You = 1;
            }
        }
        gametimes++;
        paintPlayer();
    }
```

gametimes 变量主要负责记录游戏时间,每次出牌后游戏时间都会加1,还有一个 Is_You 的全局变量也是负责控制轮到哪名玩家出牌的, 只有当上一名玩家执行出牌或者不出时, 下一名玩家才能进行判断出牌或者不出,每次该名玩家出完牌时都会调用判断赢家的函数, 判断该玩家是否出完所有的牌。

(2) 随机分牌(3 份手牌和 3 张地主牌)。

随机给每位玩家分牌是游戏公平的关键,不仅要考虑每位玩家分到的扑克牌都为 17 张, 还要考虑分配后的牌不允许再被分配,具体代码如代码 3-19 所示。

代码 3-19　随机分牌函数。

```
    void splitPoker(玩家 x 手牌结构数组, 本次分牌是否为地主牌)
    {
    int i;
    if(不是地主牌){
```

```
for(i = 0; i < 手牌数 17 张; i++){
    while(1){
        int index = random(所有扑克牌数);
        if(该扑克牌还未被分配){
            手牌序号赋值;
            手牌牌面赋值;
            该手牌已被分配;
            break;
        }
    }
}

if(是地主牌分配){
    for(i = 0; i < 3 张地主牌; i++)
    {
        while(1)
        {
            int index = random(所有扑克牌数);
            if(该扑克牌还未被分配)
            {
                地主牌序号赋值;
                地主牌牌面赋值;
                该扑克牌已被分配;
                break;
            }
        }
    }
}
```

随机分牌函数实现随机分配三份 17 张手牌和 3 张地主牌，判断其是否做地主牌(最后三张为地主牌)，若不是，则先分配玩家手牌，将玩家手牌结构体数组传入函数，随机生成 1~54 的数值，为所有扑克数组的下标，判断该手牌未被分配后就将其赋值给玩家手牌，直到玩家手牌数组达到 17 张。地主牌分配方法与此相同。

实现效果

游戏开始时，如图 3-36 所示，玩家可选择叫地主或不叫地主，若选择叫地主则玩家直接成为地主，若选择不叫地主则剩余两名玩家随机成为地主。

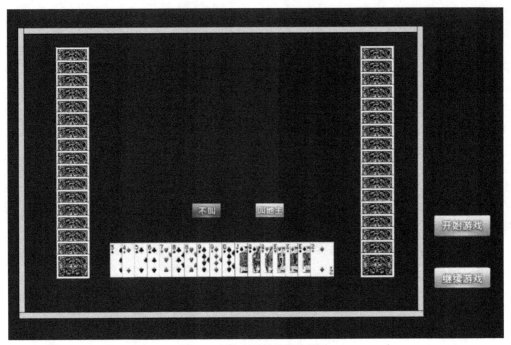

图 3-36   游戏开始选地主图片

地主出现后进入出牌阶段，右上角将显示本局的三张地主牌，地主先出牌，按照逆时针顺序进行跟牌，如图 3-37 所示。

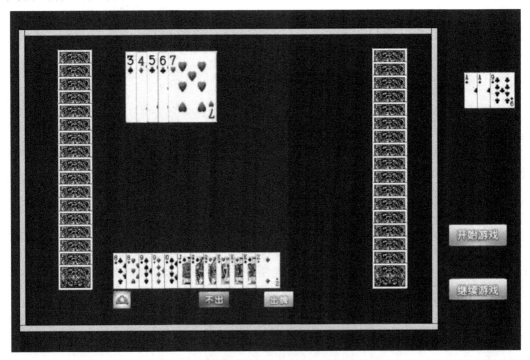

图 3-37   开始出牌图(右上角三张为地主牌)

当玩家阵营有一人先出完所有手牌时游戏结束，此时屏幕上方会显示游戏胜利标语，如图 3-38 所示。

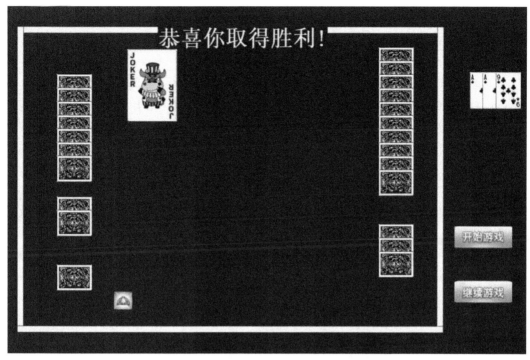

图 3-38 游戏结束图

当玩家为地主,其余两名玩家任意一名玩家出完手牌时,则显示游戏失败;而当玩家为农民,地主先出完所有手牌时,则同样也显示游戏失败,如图 3-39 所示。

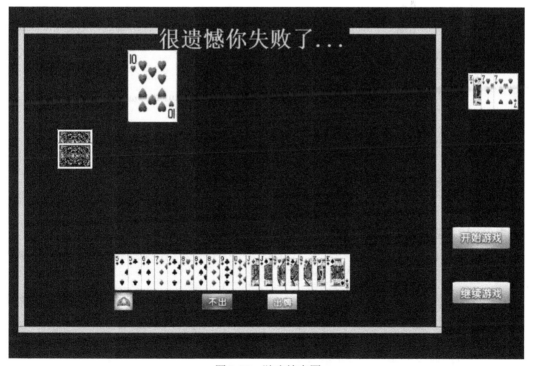

图 3-39 游戏结束图

不足与改进

本项目设计尚有不足之处，可以进一步修改，使程序更加智能灵活，具体如下：

(1) 为了避免在执行较为频繁的函数内定义太多局部变量，占用太多内存空间，定义了不少全局变量，导致加大了程序的复杂性和排错难度。

(2) 只有玩家可以出顺子、飞机、三带一、三带二、四带二的牌型，计算机玩家只会出王炸、炸弹、单张、对子、三张的牌型，不够智能。

(3) 游戏没有开始页面，运行程序后直接进入游戏。

(4) 可以添加更多的音效，例如每出一种牌都会有对应的音效，游戏成功或者失败时都有不同的背景音乐，以此更加还原原版游戏。

(5) 制作游戏初始画面，使整个程序看上去更加精美。

项目 19　中国跳棋

项目简介

本项目设计的是一款中国跳棋的小游戏。跳棋是黑白棋的一种，是可以由二至六人同时进行的棋类小游戏。跳棋的棋盘为六角星形，棋子分为六种颜色，每种颜色有 6 个、10 个或 15 个棋子，每一位玩家使用跳棋一个角，拥有一种颜色的棋子。

项目难度：适中。

项目复杂度：复杂。

项目需求

1. 基本功能

(1) 生成一个六边形的棋盘，将双方的棋子放在各自的阵地内，确保每个棋子能够恰好放到格子内。

(2) 点击到棋子时将该棋子突出显示，当第二次按下鼠标且是在棋盘内时将该棋子移动到此位置。

(3) 点击一个棋子时将它能够跳跃到的地方高亮显示并且能够判断输赢。输赢判断：其中一方的所有棋子率先到达对方的阵地，游戏结束。

(4) 在棋盘右上角提示现在轮到谁走。

(5) 增加游戏模式，扩展一个六人同时玩的跳棋，在初始界面可以选择两种模式。

2. 拓展功能

(1) 可实现联机对战，可两人联机操作。

(2) 可以选择人机对战，并且可以调整人机的难度。

项目设计

1. 总体设计

根据项目的基本功能需求和游戏规则的设定，中国跳棋总体设计规划功能如图 3-40 所示。

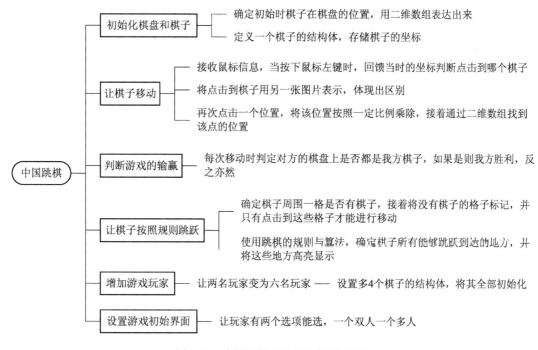

图 3-40　中国跳棋总体设计规划功能图

具体功能设计介绍如下：

(1) 初始界面。

将跳棋的棋盘用一个二维结构体数组来替代坐标，将棋盘的坐标存储到二维结构体数组里同时将标记设置为 0，将棋子放置好。

方法：将棋盘当成一个平面确定好每个格子的位置，将超出棋盘的标记为 63 353，定为棋盘外的位置。放置棋子时先确定棋子在棋盘的第几行第几列，然后通过这个坐标调出二维结构体数组，确定放置的坐标。

(2) 判定是否点击到棋子。

当鼠标按一次鼠标左键时，先接收该点的位置，再按照一定的比例相乘，再将所得值放到二维数组里确定该点的值是否为1，为1则代表该点有棋子。

方法：按照一定的比例相乘时得出的是该位置在棋盘的第几行第几列，然后查看这个二维结构体数组里的这个位置是否有棋子。

(3) 让棋子移动到鼠标点击的位置。

中国跳棋棋子移动的规则为棋子的移动可以在有直线连接的相邻六个方向进行，如果相邻位置上有任何方的一个棋子，该位置直线方向下一个位置是空的，则可以直接跳到该空位上，跳的过程中，只要相同条件满足就可以连续进行。

方法：第一次点击鼠标确定哪个棋子需要移动，接着计算这个棋子能够移动到哪些格子并将那些格子标记起来。当第二次点击到那些能够移动到的位置时，将棋子移动过去重新绘图。

(4) 游戏输赢规则。

当其中一方的棋子全部走到另一方的阵地时，游戏结束。

中国跳棋的功能设计有以下几处难点：

(1) 初始化棋盘和棋子。由于网上的图片大都不是规则的，导致按照一定比例确定位置时，最后在棋盘上展示出来的棋子会有一些棋子无法准确显示在格子内，因此只能确定每一个的位置并且用结构体记录下来，然后通过结构体数组来让棋子出现在特定的位置。

(2) 让棋子按照规则跳跃。可以一步步在有直线连接的相邻六个方向前移动一格，若相邻位置上有任何一方的一个棋子，该位置直线方向下一个位置是空的，则可以直接跳到该空位上，同时在和同一直线上的任意一个空位所构成的线段中，只有一个并且位于该线段中间的任何一方的棋子，则可以直接跳到那个空位上，跳的过程中，只要相同条件满足就可以连续进行。

(3) 当点击到棋子时则替换这个棋子的图片，从而让玩家清楚自己点击到该棋子。

(4) 在双人游戏的基础上加上六人游戏。

2．关键功能的设计

(1) 棋盘初始化。

将一整个棋盘当成一个平面，每个格子当成一个坐标，用二维数组表示出来。由于棋盘是一个六边形，这里为了节省代码长度，将一个六边形当成两个三角形，这样能通过两个 for 循环将棋盘初始化完成。

(2) 判断是否点击到棋子。

当点击鼠标左键时，传回该点的位置并确定该点是否有棋子，当该点有棋子时先将棋子的序号存储起来，再将这个序号的棋子用不同图片表达，当再次点击时先将改变的棋子图片变回原样再进行下一步操作。

(3) 计算棋子的跳跃路径。

在点击到该棋子时，由该点出发，从最上面开始，向右推进，这里需要用到递归并且不能跳跃的位置不能超过棋盘的边界，同时需要探测六个方向而不只是一个方向。

项目实现

1. 程序框架

(1) 棋子。

棋子需要有坐标和图片的属性，这里需要用结构体来表示，具体代码如代码 3-20 所示。

代码 3-20 棋子定义代码。

```
typedef struct chess* Chess;        //棋子
struct chess{
    int x;                          //x 坐标
    int y;                          //y 坐标
    ACL_Image pic;                  //图片
}; typePlane Plane;                 //我方飞机
Chess bluechess[10];                //蓝色棋子
Chess yellowchess[10];              //黄色棋子
Chess Blackchess[10];               //黑色棋子
Chess Greenchess[10];               //绿色棋子
Chess Redchess[10];                 //红色棋子
Chess Purplechess[10];              //紫色棋子
```

(2) 棋盘。

我们可以将棋盘想象成一个二维数组同时需要对棋盘上每个位置进行一些判定，因此需要一些变量来表示，具体代码如代码 3-21 所示。

代码 3-21 棋盘定义代码。

```
typedef struct chessboard* Chessboard;      //棋盘
struct chessboard{
    int x;                          //x 坐标
    int y;                          //y 坐标
    int flag;                       //判断是否有棋子
    int jumpflag;                   //判断是否能够跳跃
};

Chessboard chessboard[18][26];      //棋盘
```

本项目整体程序函数框架如图 3-41 所示。

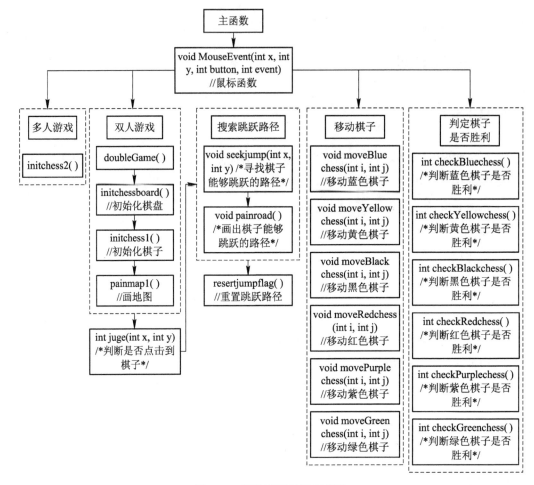

图 3-41　整体程序函数框架图

2. 关键功能的实现

(1) 棋盘初始化。

跳棋棋盘不是常见的图形，可以将棋盘当作是两个三角形相交在一起所形成的，这样便可以通过行列进行遍历赋值。初始化棋盘的代码如代码 3-22 所示，棋盘初始化流程如图 3-42 所示。

代码 3-22　初始化棋盘代码。

```
//初始化棋盘
void initchessboard(){
    //将棋盘当作两个三角形相交在一起
    for(遍历行){
        if(将个别行列出来)
        {
            将上一个点的值加上两点差赋值到这个点上
        }
```

```
for(遍历列){
    该棋盘的横坐标按照一定规律相加
    if(个别行列出来){
        纵坐标按照不同行相加
    }
}
}
}
```

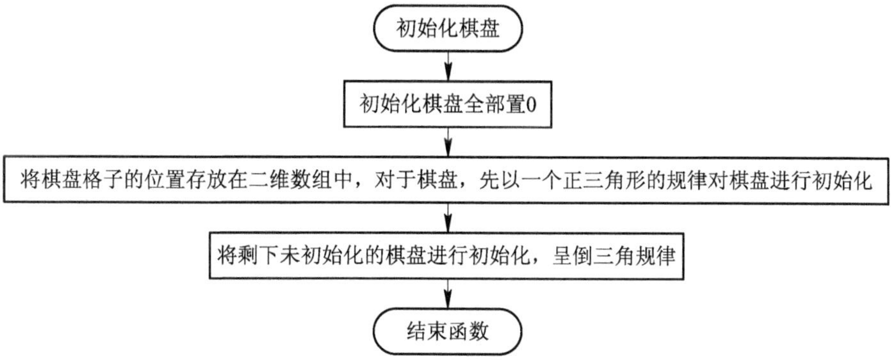

图 3-42　棋盘初始化流程图

(2) 判断点击到哪个棋子。

在进行判断点击的是哪个棋子时，需要对点击的位置进行查询，查看该位置是否有棋子并根据不同的情况执行不同的代码，具体代码如代码 3-23 所示。图 3-43 所示为判断点击到哪个棋子流程图。

代码 3-23　判断点击到哪个棋子代码。

```
//判断点击到哪个棋子
int juge(int x, int y){
    将像素点转化为第几行第几列
    for(遍历所有的棋子){
        if(蓝色棋子的坐标符合){              //找出点击的弹珠
            if(之前点击过该颜色的其他棋子){
                把之前的棋子换回初始的图案
            }
            返回值确定是蓝色棋子
        }
        if(黄色棋子的坐标符合){
            if(点击过该颜色的其他棋子){
                把之前的棋子换回初始的图案
            }
            确定点击到的是黄色棋子
```

```
        }
      }
    确定无棋子被点击到
  }
```

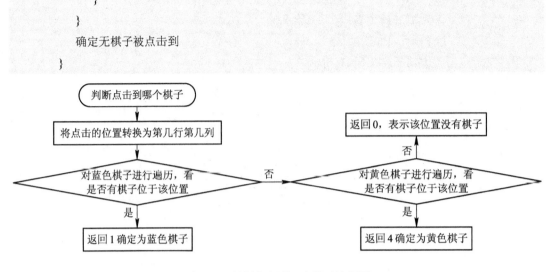

图 3-43   判断点击到哪个棋子流程图

(3) 计算棋子跳跃路径。

在计算棋子跳跃路径时，因为跳棋有属于自己的规则，所以需要自己制定条件进行判断，并根据情况执行对应代码，如代码 3-24 所示。计算棋子跳跃路径流程如图 3-44 所示。

代码 3-24   计算棋子跳跃路径代码。

```
for(向棋子的右边前进){
    if(判断右边的格子是否超出棋盘界面){
        退出循环
    }
    if(右边有棋子且不是自身){
        if(判断通过这个棋子跳跃的地方是否有棋子存在){
            for(跳跃位置到棋子存在的位置){
                if(路途中是否有其他棋子)
                { k=0;
                }
            }
            if(k){
                将该点标记为能跳跃点;
                以该点进入递归;
            }
        }else if(附近一格无棋子且是起始阶段可进行一次跳跃不用进入递归)
    }
}
```

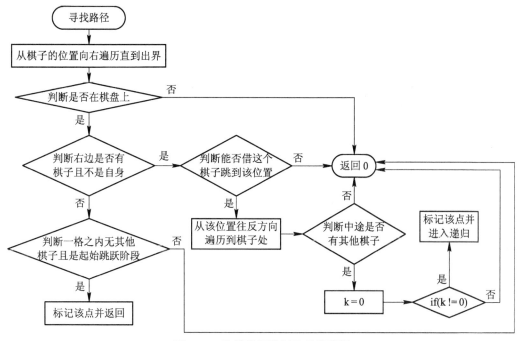

图 3-44 计算棋子跳跃路径流程图

实现效果

游戏开始界面如图 3-45 所示，显示有两个按钮，一个为多人游戏，另一个为双人游戏，点击不同的按钮即可进入不同的游戏模式。

图 3-45 游戏开始界面

　　若点击"双人游戏"，则只有两个对立位置摆满棋子并在右上角显示轮到哪个玩家移动棋子，如图 3-46 所示。

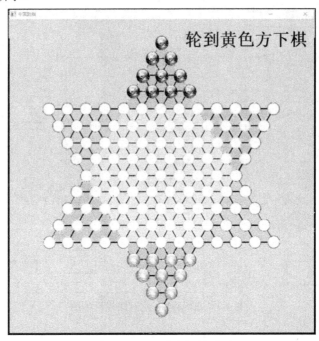

图 3-46　双人游戏初始界面

　　如图 3-47 所示为点击"多人游戏"时的初始界面，每个阵地都摆满了各自的棋子，同样在右上角有提示谁先走，这里是以顺时针为方向逐个往下走。

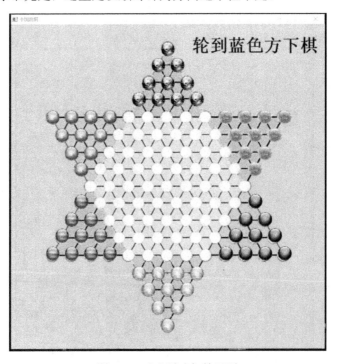

图 3-47　多人游戏初始界面

当点击一枚棋子时，这枚棋子会高亮显示并标出该棋子能够移动的范围。如图 3-48 所示为双人模式下点击黄色棋子时所显示的界面。

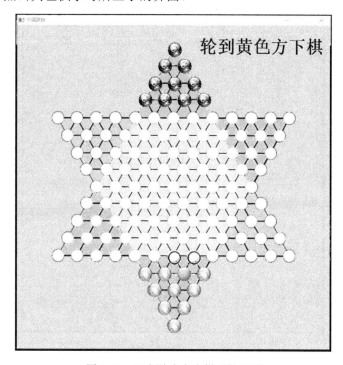

图 3-48 双人游戏点击棋子的界面

如图 3-49 所示为多人游戏时点击到棋子的界面，此时轮到绿色方下棋，黑色小圆圈表示这枚绿色棋子能够跳跃到的地方。

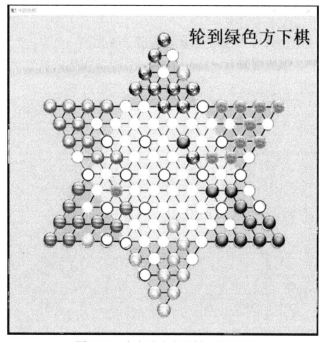

图 3-49 多人游戏点击棋子的界面

当其中一方将己方所有棋子全部移动到对方的范围中时，即胜利，并跳出游戏结束界面，如图 3-50 所示。

图 3-50　游戏结束界面

不足与改进

以下是本项目有待改进的地方：

(1) 代码行数太多且相似，可以对代码进行整体优化。

(2) 运用了多个二维数组来表示，可以只用一个结构体数组来统一表示，这样比较简洁。

(3) 模式比较少，可以增加 2～5 人的游戏模式。

第4章 算法展示工具类

项目 20　算法展示基础框架

项目简介

本项目设计的是一款算法展示工具的框架，该框架能够接入各种数据结构课程中的算法，并且将各个算法的操作步骤通过图形化界面展示出来，包括前端和后端的实现。

项目难度：难。

项目复杂度：复杂。

项目需求

1. 基本功能

(1) 菜单栏：能够折叠多重菜单，并能自主修改和添加菜单的内容。

(2) 前端：框架样式，颜色搭配，画面输出，按钮样式，展示区域。

(3) 后端：全局按钮点击事件及其接口，输入框等功能控件的事件及其接口，定时器事件及其接口，菜单点击事件及其接口。

2. 拓展功能

(1) 提高代码效率，如菜单呈现的效率和菜单遍历的效率。

(2) 公共化菜单的接口，灵活方便地接入其他算法，如栈、队列、图。

项目设计

1. 总体设计

根据项目的基本功能需求设计项目的后端设计图，如图 4-1 所示。

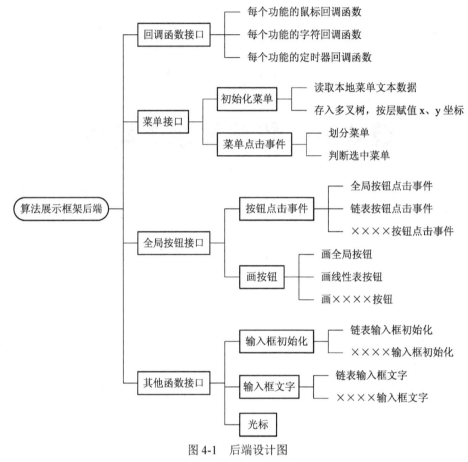

图 4-1　后端设计图

前端设计功能如下：

(1) 主题：以简洁的白灰色为主，背景色采用浅灰色，按钮选中颜色采用深灰色。

(2) 装饰界面：窗口大小为 1910 px×1010 px，顶部为菜单栏，中间为展示区。

(3) 全局菜单：依附在左上角菜单栏下，可动态展开多级菜单。

(4) 全局按钮：在展示区下显示，可多个算法共用。

后端设计功能如下：

(1) 回调函数接口：各个算法的鼠标回调函数、字符回调函数、定时器回调函数的接入端口。

(2) 菜单接口：通过文件读取方式读取菜单文本，存入多叉树，初始化菜单与菜单之间的层级关系，以及各个算法的菜单点击事件接入端口。

(3) 全局按钮接口：各个算法的局部按钮被点击后发生的鼠标回调函数接入端口。

(4) 其他函数接口：各个算法所需要的自定义函数接入端口，如输入框。

算法展示工具的功能设计有以下几处难点：

(1) 代码命名要准确，代码可读性要高，要让人能看懂代码，并且能一目了然地知道从哪里接入算法。

(2) 菜单从本地读取数据之后存入多叉树的方式、按层分配菜单之间的层级关系方式、菜单可视化展开方式，需要仔细严谨的编写算法，对编程逻辑要求较严格。

（3）多种算法要灵活运用同一套全局按钮，全局按钮的接口方面一定要自定义函数，并在这个函数里设置好触发该算法的条件。

2. 关键功能的设计

（1）菜单初始化。

读取菜单文件的数据并存入多叉树，分配层级关系及 x、y 坐标，设计流程如图 4-2 所示。

（2）菜单展开算法。

菜单展开算法设计流程如图 4-3 所示。

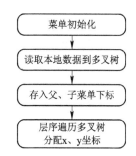

图 4-2　菜单初始化设计流程图

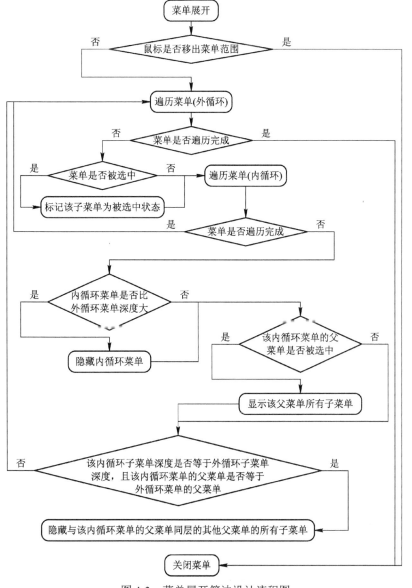

图 4-3　菜单展开算法设计流程图

项目实现

1. 程序框架

(1) 菜单结构体。

菜单结构体的定义应包括菜单的坐标、高度宽度、所分配的多叉树关系等基本属性，具体如代码 4-1 所示。

代码 4-1　菜单结构体定义。

```c
struct Menu{
    int x;
    int y;
    int high;
    int width;
    int parent;
    int depth;
    int seeFlag;
    int select;
    int click;
    char text[20];
    int childNum;
    int childIndex;
    int *child;
    ACL_Image img;
    ACL_Image imgAbove;
}menu[menuNum];
```

(2) 全局按钮结构体。

全局按钮结构体的定义应包括按钮的坐标、按钮在鼠标不同事件下的颜色等属性，具体如代码 4-2 所示。

代码 4-2　全局按钮结构体定义。

```c
struct Botton{
    int x;
    int y;
    int weight;
    int high;
    char text[10];          //按钮文字
    int textSize;           //按钮文字大小
    char textCol[20];       //按钮文字颜色
    int clickable;          //用于判断按钮是否可以点击
```

```
        int clickNum;              //按钮点击次数
        int moveFlag;              //是否移动到按钮上
        int clickFlag;             //用于判断按钮是否已被点击
        int seeFlag;               //用于判断按钮是否可见
        ACL_Image img;
        ACL_Image img_above;
    }globalBotton[bottonNum];
```

(3) 装饰界面结构体。

装饰界面结构体的定义应包括软件中需要的背景、代码区域等基本属性，具体如代码 4-3 所示。

代码 4-3　装饰界面结构体定义。

```
    struct DecorativeInterface{
        int x;
        int y;
        int high;
        int weight;
        ACL_Image img;
    }decorative[decorativeNum];
```

(4) 输入框结构体。

输入框结构体的定义应包括输入框的坐标、长宽高等基本属性，以及输入框内的内容等，具体如代码 4-4 所示。

代码 4-4　输入框结构体定义。

```
    struct TBox{
        char text[textNum];        //输入框输入内容
        Int x;                     //输入框 x 坐标
        int y;                     //输入框 y 坐标
        int length;                //输入框长度
        int height;                //输入框高度
        int charLen;               //当前字符长度
        char select;
        //当前是否被选中，0 为未被选中，1 为被选中，一个界面最多一个输入框被选中
        int seeFlag;               //用于判断按钮是否可见
        int textFlag;              //用于判断按钮文字是否可见
    }textBox[textBoxNum];
```

本项目整体程序函数框架如图 4-4 所示。在主函数下首先要进行一系列初始化操作，包括初始化菜单、按钮、输入框、界面等，之后就是和用户操作交互的函数，用户在界面上的点击、拖动、输入等事件都需要考虑。

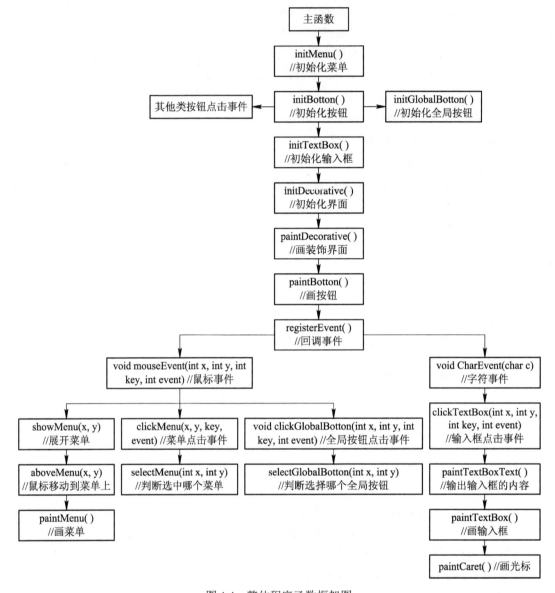

图 4-4   整体程序函数框架图

2. 关键功能的实现

(1) 菜单初始化。

读取菜单文件的数据并存入多叉树,分配层级关系及 x、y 坐标的伪代码如代码 4-5 所示。

代码 4-5   菜单初始化伪代码。

```
//读取菜单文件的数据并存入多叉树,分配层级关系及 x、y 坐标伪代码
初始化菜单
while 从文本读取数据非空 do
    菜单结构体存入父菜单下标、菜单名、子菜单下标
    计算子菜单个数
```

```
        计算菜单深度
    end while
    for I from 0 to  菜单个数
        if 当前菜单子菜单为空  break
        end if
        if 当前菜单父菜单下标非零
            该菜单的 x 坐标 ＝ 该菜单父菜单的 x 坐标
        else
            该菜单的 x 坐标 ＝ 该菜单父菜单的 x 坐标+偏移量
        end if
        for I from 0 to  该菜单子菜单数量
            if 该菜单的子菜单非空
                该菜单的子菜单的 y 坐标 ＝ 偏移量*y 坐标
            end if
        end for
    end for
```

(2) 菜单展开算法。

鼠标移入或移出菜单时展示菜单层级关系的伪代码如代码 4-6 所示。

代码 4-6　菜单展开算法伪代码。

```
//菜单展开算法伪代码
if 鼠标移出菜单范围
    关闭菜单
end if
for i from 0 to  菜单个数
    if 菜单是否被选中
        标记该子菜单为被选中状态
    end if
    for j from 0 to  菜单个数
        if 内循环菜单比外循环菜单大
            隐藏内循环菜单
        end if
        if 该内循环菜单的父菜单被选中
            显示该父菜单所有子菜单
        end if
        if 该内循环子菜单深度 = 外循环子菜单深度，且该内循环的父菜单 = 外循环菜单的父菜单
            隐藏与该内循环菜单的父菜单同层的其他父菜单的所有子菜单
        end if
    end for
end for
```

 **实现效果**

框架界面的主题配色采用白色和灰色搭配，左上角为菜单展开的一级菜单，下方按钮为全局按钮，如图 4-5 所示。

图 4-5　框架界面

当鼠标移动到菜单上时，父级菜单保持被选中状态，同时展开该父级菜单的子菜单，如图 4-6 所示。

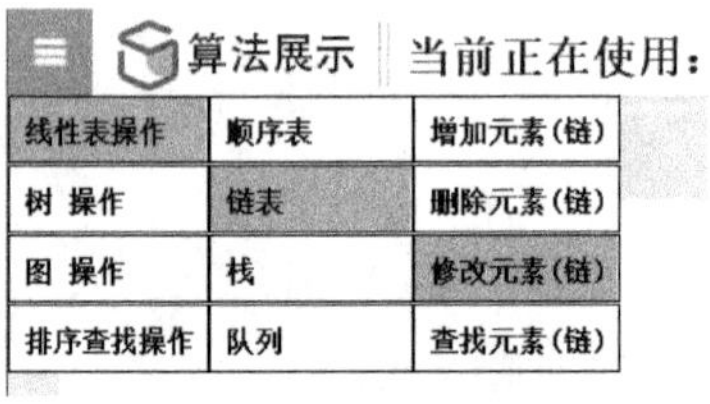

线性表操作	顺序表	增加元素(链)
树 操作	链表	删除元素(链)
图 操作	栈	修改元素(链)
排序查找操作	队列	查找元素(链)

图 4-6　菜单展开

当鼠标移动到某个全局按钮上时呈现被选中状态，如图 4-7 所示。

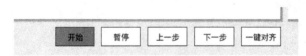

图 4-7　某个全局按钮被选中

输入框被点击时弹出光标，输入数据时光标随着数据的字节长度后移，如图 4-8 所示。

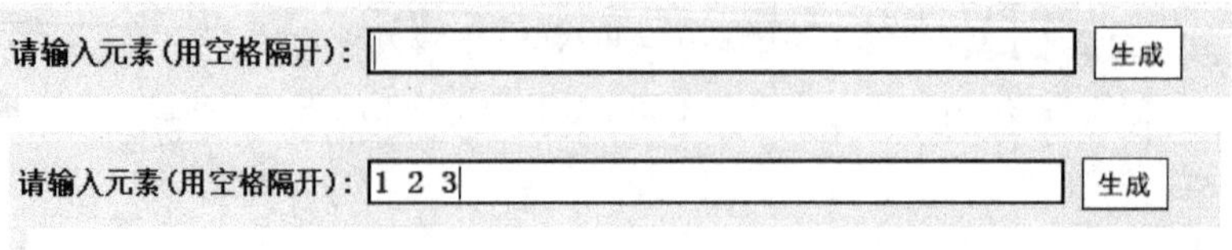

请输入元素(用空格隔开)：□　生成

请输入元素(用空格隔开)：1 2 3　生成

图 4-8　输入框光标移动效果

不足与改进

本项目设计尚有不足之处，可以进一步修改，使程序更加智能灵活，具体如下：

(1) 在时间复杂度和控件复杂度上面有很大的提升空间，部分功能设计较为复杂，容易出现错误导致程序崩溃；可以进一步降低代码复杂程度，提高代码效率。

(2) 运用的全局变量较多，导致代码可读性降低；可以多采用函数传参的方式使用局部变量，提高代码的可读性，方便学习和交流。

(3) 遍历界面比较简约，可以进一步提升界面的生动性。

项目 21　　链表算法展示

项目简介

本项目设计的是一款链表的教学辅助工具，该工具将链表的算法接入到算法展示框架中，并通过图形化界面将链表的增、删、改、查的过程动态展示出来。

项目难度：难。

项目复杂度：复杂。

项目需求

1. 基本功能

(1) 实现增加结点功能。通过绘制的输入框来输入数据结点并将其存入链表，每个增加的数据结点都要输出到屏幕上。已增加的结点要和未增加的结点区分开。

(2) 实现删除结点功能。创建链表后，可将删除结点的过程通过可视化界面表示出来。待删除的结点要和普通结点区分开。

(3) 实现修改结点功能。创建链表后，可将修改结点的过程通过可视化界面表示出来。修改前和修改后的结点要区分开。

(4) 实现查找结点功能。创建链表后，可将查找结点的过程通过可视化界面表示出来。如果未找到数据，则也要表示出来。

2. 拓展功能

(1) 居中生成结点：结点不再从左向右生成，而是居中画布生成。

(2) 增加多个结点：支持多个结点同时增加，增加的过程要逐个表示出来。

(3) 删除多个结点：支持删除多个结点、跨结点删除，删除的过程要表示出来。

(4) 查找多个结点：支持输入多个结点进行查找、跨结点查找，找到和没找到都需要有提示。

项目设计

1. 总体设计

根据项目的基本功能需求，链表算法展示总体设计规划功能如图 4-9 所示。

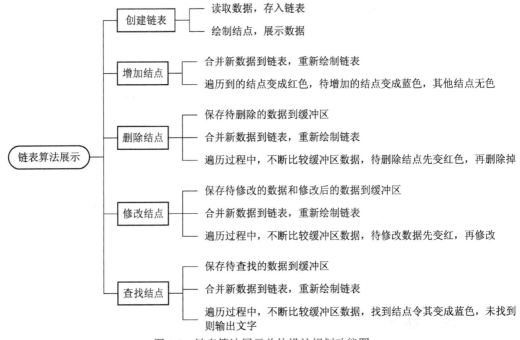

图 4-9　链表算法展示总体设计规划功能图

具体功能设计介绍如下：

(1) 结点布局。初始化结点时分配每个结点的 x、y 坐标，每个结点是一个圈，每个结点都显示到圈里。

(2) 遍历效果。遍历到的结点采用红色，没遍历到的结点采用白色，特殊结点(需要增加的、需要删除的、需要修改的、需要查找的)采用蓝色。

(3) 遍历规则。从左向右依次遍历，遍历到的结点变成红色，未遍历到的结点变成无色，当遍历到特殊结点时(需要增加的、需要删除的、需要修改的、需要查找的)则变成蓝色。

链表算法展示的功能设计有以下几处难点：

(1) 创建结点过程中分配 x 坐标时，每个结点之间都有间隔，要取合适的间隔创建结点。

(2) 遍历结点时让遍历到的结点变成红色，常规结点变成白色，特殊结点变成蓝色。

(3) 在删除结点和修改结点的展示过程中，遍历到删除/修改的结点时，不能立刻删除/修改，要先变成红色后再删除/修改，要展示删除/修改的过程。

(4) 上一步和下一步都要有点击次数的限制，不能导致溢出而使程序崩溃。

(5) 定时器控制遍历过程时需控制好遍历的速度，不宜过快。

2. 关键功能的设计

(1) 增加结点。

增加结点时，遍历链表，遍历到的结点定义为红色，待增加的结点定义为蓝色，如图 4-10 所示。

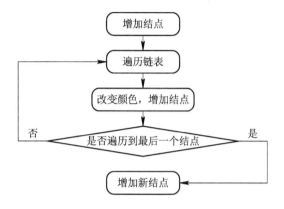

图 4-10　增加结点设计流程图

(2) 删除结点。

删除结点时，遍历链表，遍历到的结点定义为红色，待删除的结点设置为蓝色，遇到需删除结点时，先变色后删除，如图 4-11 所示。

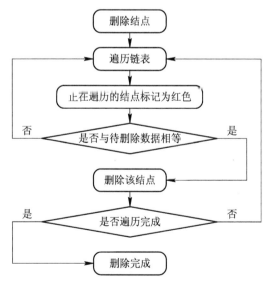

图 4-11　删除结点设计流程图

(3) 修改结点。

修改结点时，遍历链表，判断该结点是否待修改，若待修改则修改该数据，若遍历完后没有结点符合修改条件，则输出"未找到该结点"，如图 4-12 所示。

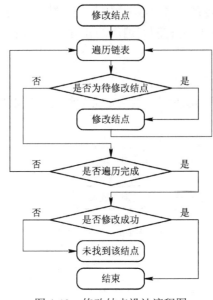

图 4-12　修改结点设计流程图

(4) 查找结点。

　　查找结点时，遵从后进先出原则，从右向左遍历，当遍历到待查找结点时，改变结点颜色，当遍历完之后未找到该结点时，需要输出"未找到该结点"，如图 4-13 所示。

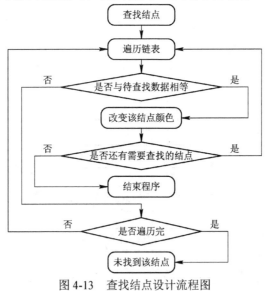

图 4-13　查找结点设计流程图

项目实现

1. 程序框架

(1) 按钮结构体。

按钮结构体的定义包括按钮的坐标等基本信息，具体如代码 4-7 所示。

代码 4-7 按钮结构体定义。

```
struct Botton{
    int x;                  //按钮 x 坐标
    int y;                  //按钮 y 坐标
    int weight;             //按钮宽度
    int high;               //按钮高度
    char text[10];          //按钮文字
    int textSize;           //按钮文字大小
    char textCol[20];       //按钮文字颜色
    int clickable;          //用于判断按钮是否可以点击
    int clickNum;           //按钮点击次数
    int moveFlag;           //是否移动到按钮上
    int clickFlag;          //用于判断按钮是否已被点击
    int seeFlag;            //用于判断按钮是否可见
    ACL_Image img;
    ACL_Image img_above;
}menuBotton[bottonNum],tableBotton[bottonNum];
```

(2) 装饰界面结构体。

装饰界面结构体的定义包括每个装饰体的坐标等基本信息，具体如代码 4-8 所示。

代码 4-8 装饰界面定义。

```
struct DecorativeInterface{
    int x;                  //物体 x 坐标
    int y;                  //物体 y 坐标
    int high;               //物体的高度
    int weight;             //物体的宽度
    ACL_Image img;          //物体的图片
}decorative[decorativeNum];
```

(3) 输入框结构体。

输入框结构体的定义包括每个输入框的坐标等基本信息，具体如代码 4-9 所示。

代码 4-9 输入框结构体定义。

```
typedef struct TBox *TextBox;
struct TBox{
    char text[textNum];     //输入框输入内容
    int x;                  //输入框 x 坐标
    int y;                  //输入框 y 坐标
    int length;             //输入框长度
    int height;             //输入框高度
    int charLen;            //当前字符长度
    char select;    //当前是否被选中，0 为未被选中，1 为被选中，一个界面，最多一个输入框被选中
```

```
    int seeFlag;              //用于判断按钮是否可见
    int textFlag;             //用于判断按钮文字是否可见
};
    TextBox TextBox1;
    TextBox TextBox2;
```

(4) 结点结构体。

结点结构体的定义包括每个结点的坐标等基本信息。

图 4-14 所示为本项目的整体程序函数框架图。

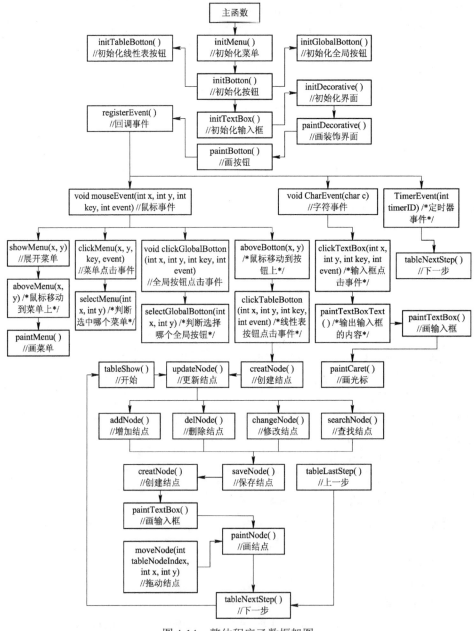

图 4-14　整体程序函数框架图

2. 关键功能的实现

(1) 增加结点。

链表增加一个新结点的伪代码如代码 4-10 所示。

代码 4-10　增加结点伪代码。

```
//增加结点
saveNode()保存结点
定位到链表最后一个结点
增加新结点
cleanScreen();          //清屏
creatListNode();        //使用新的结点创建结点
paintTextBox();         //画输入框
paintNode();            //画结点
```

(2) 删除结点。

链表删除一个结点的伪代码如代码 4-11 所示。

代码 4-11　删除结点伪代码。

```
//删除结点
saveNode()保存结点
while  结点非空  do
    if 结点是需要删除的结点
        删除该结点
        标记该结点已删除
    end if
end while
cleanScreen();          //清屏
creatListNode();        //使用新的结点创建结点
paintTextBox();         //画输入框
paintNode();            //画结点
```

(3) 修改结点。

链表修改一个结点的伪代码如代码 4-12 所示。

代码 4-12　修改结点伪代码。

```
//修改结点
saveNode()保存结点
while  结点非空  do
    if 结点是需要修改的结点
        修改该结点
        标记该结点已修改
    end if
end while
cleanScreen();          //清屏
```

```
creatListNode();        //使用新的结点创建结点
paintTextBox();         //画输入框
paintNode();            //画结点
```

(4) 查找结点。

链表查找一个结点的伪代码如代码 4-13 所示。

代码 4-13   查找结点伪代码。

```
//查找结点
saveNode()保存结点
while  结点非空  do
    if  结点是需要查找的结点
        结点标记为蓝色
    end if
end while
if  没有找到该结点
    输出"结点未找到"
end if
cleanScreen();          //清屏
creatListNode();        //使用新的结点创建结点
paintTextBox();         //画输入框
paintNode();            //画结点
```

○— 实现效果

1. 增加结点效果

(1) 结点 4 和 5 为待增加结点，标记为蓝色，如图 4-15 所示。

图 4-15   增加结点过程(1)

(2) 此时结点 3 正在被遍历，标记为红色，如图 4-16 所示。

图 4-16   增加结点过程(2)

(3) 此时结点 4 为新结点被添加，如图 4-17 所示。

图 4-17   增加结点过程(3)

2. 删除结点效果

(1) 结点 2 和 5 是需要被删除的结点，如图 4-18 所示。

图 4-18　删除结点过程(1)

(2) 此时结点 2 正在被遍历，先标记为红色，如图 4-19 所示。

图 4-19　删除结点过程(2)

(3) 此时第一个结点 2 被删除，如图 4-20 所示。

图 4-20　删除结点过程(3)

3. 修改结点效果

(1) 需要修改的结点是结点 2，如图 4-21 所示。

图 4-21　修改结点过程(1)

(2) 此时结点 2 正在被遍历，如图 4-22 所示。

图 4-22　修改结点过程(2)

(3) 此时结点 2 被修改为 100，如图 4-23 所示。

图 4-23　修改结点过程(3)

4. 查找结点效果

假设查找的结点为 5。

1) 结点找到

(1) 此时遍历到结点 5，如图 4-24 所示。

图 4-24　查找结点过程(1)

(2) 此时结点 5 是被查找结点，标记为蓝色，如图 4-25 所示。

图 4-25　查找结点过程(2)

2) 结点未找到

(1) 此时结点 5 是被查找结点，当前遍历到结点 4，如图 4-26 所示。

图 4-26　查找结点过程(3)

(2) 此时遍历完仍未找到结点 5，输出"未找到该结点！"，如图 4-27 所示。

未找到该结点！

图 4-27　查找结点过程(4)

不足与改进

本项目设计尚有不足之处，可以进一步修改，使程序更加智能灵活，具体如下：

(1) 在时间复杂度和控件复杂度方面有很大的提升空间，部分功能设计较为复杂，容易出现错误导致程序崩溃；可以进一步降低代码复杂程度，提高代码效率。

(2) 运用的全局变量较多，导致代码可读性降低；可以多采用函数传参的方式使用局部变量，提高代码的可读性，方便学习和交流。

(3) 遍历界面比较简约，可以进一步提升界面的生动性。

项目 22　链栈算法展示

项目简介

本项目设计的是一款栈相关算法的教学辅助工具，该工具将栈的算法接入到算法展示框架中，并通过图形化界面将栈的增、删、改、查的过程动态展示出来。

项目难度：适中。

项目复杂度：适中。

项目需求

1. 基本功能

(1) 实现增加结点功能。通过输入数据结点将结点全部入栈，遵从后进先出的原则，将新入栈结点的功能通过可视化界面表示出来。已入栈的结点要和未入栈的结点区分开。

(2) 实现删除结点功能。创建链栈后，遵从后进先出的原则，将删除结点的过程通过可视化界面表示出来。待删除的结点要和普通结点区分开。不需要删除的结点出栈后，要重新入栈。

(3) 实现修改结点功能。创建链栈后，遵从后进先出的原则，将修改结点的过程通过可视化界面表示出来。修改前和修改后的结点要区分开。

(4) 实现查找结点功能。创建链栈后，遵从后进先出的原则，将查找结点的过程通过可视化界面表示出来。如果未找到数据则也要表示出来。

2. 拓展功能

(1) 居中生成结点：结点不再从左向右生成，而是居中画布生成。

(2) 增加多个结点：支持多个结点同时增加入栈，增加的过程要逐个表示出来。

(3) 删除多个结点：支持删除多个结点、跨结点删除，删除的过程要表示出来。

(4) 查找多个结点：支持输入多个结点进行查找、跨结点查找，找到和没找到都需要有提示。

项目设计

1. 总体设计

根据项目的基本功能需求，链栈算法展示总体设计规划功能如图 4-28 所示。

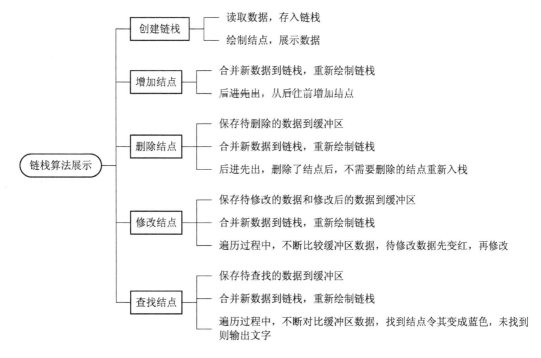

图 4-28　链栈算法展示总体设计规划功能图

具体功能设计介绍如下：

(1) 结点布局。初始化结点时分配每个结点的 x、y 坐标。每个结点都是一个圈，每个结点都显示到圈里。

(2) 遍历效果。遵从后进先出的原则，遍历到的结点采用红色，没遍历到的结点采用白色，特殊结点(需要增加的、需要删除的、需要修改的、需要查找的)采用蓝色。

(3) 遍历规则。从右向左依次遍历，遵从后进先出的原则，遍历到的结点变成红色，未遍历到的结点变成无色，当遍历到特殊结点时(需要增加的、需要删除的、需要修改的、需要查找的)则变成蓝色。

链栈算法展示的功能设计有以下几处难点：

(1) 创建结点过程中分配 x 坐标时，每个结点之间都有间隔，要取合适的间隔创建结点。

(2) 遍历结点时让遍历到的结点变成红色，常规结点变成白色，特殊结点变成蓝色。

(3) 在删除结点和修改结点的展示过程中，遍历到删除/修改的结点时，不能立刻删除/修改，要先将结点变成红色后再删除/修改，要展示删除/修改的过程；不需要删除的结点要等该删除的结点出栈并删除后，再重新入栈。

(4) 上一步和下一步都要有点击次数的限制，不能导致溢出而使程序崩溃。

(5) 定时器控制遍历过程时需控制好遍历的速度，不宜过快。

2. 关键功能的设计

(1) 增加结点。

增加结点时，遵从后进先出的原则，从右向左遍历，结点从右向左增加，如图 4-29 所示。

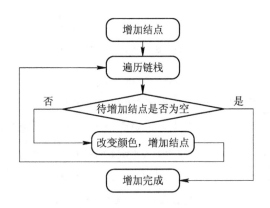

图 4-29　增加结点设计流程图

(2) 删除结点。

删除指定结点时，若待删除的结点右边有不需要删除的结点，则需先把不需要删除的结点出栈，然后再把需要删除的结点出栈并删除，最后需要重新入栈不需要删除的结点，如图 4-30 所示。

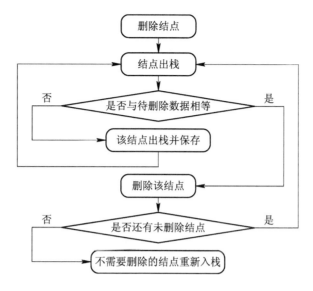

图 4-30 删除结点设计流程图

(3) 修改结点。

修改结点时，遵从后进先出的原则，从右向左遍历，判断该结点是否待修改，若待修改则修改该数据，若遍历完后没有结点符合修改条件，则输出"未找到该结点"，如图 4-31 所示。

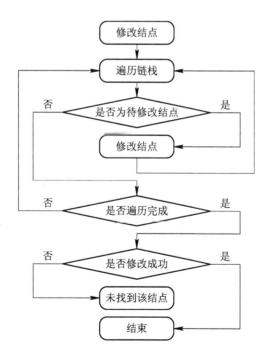

图 4-31 修改结点设计流程图

(4) 查找结点。

查找结点时，遵从后进先出的原则，从右向左遍历，当遍历到待查找结点时，改变结点颜色，当遍历完之后未找到该结点，则需要输出"未找到该结点"，如图 4-32 所示。

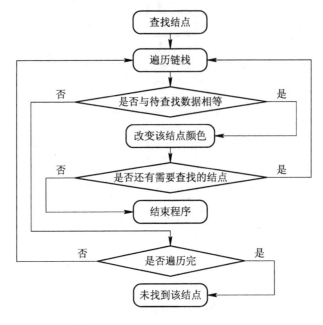

图 4-32   查找结点设计流程图

项目实现

1. 程序框架

(1) 按钮结构体。

按钮结构体的定义包括按钮的坐标等基本信息，具体如代码 4-14 所示。

代码 4-14   按钮结构体定义。

```
struct Botton{
    int x;                      //按钮 x 坐标
    int y;                      //按钮 y 坐标
    int weight;                 //按钮宽度
    int high;                   //按钮高度
    char text[10];              //按钮文字
    int textSize;               //按钮文字大小
    char textCol[20];           //按钮文字颜色
    int clickable;              //用于判断按钮是否可以点击
    int clickNum;               //按钮点击次数
    int moveFlag;               //是否移动到按钮上
```

```
    int clickFlag;              //用于判断按钮是否已被点击

    int seeFlag;                //用于判断按钮是否可见

    ACL_Image img;

    ACL_Image img_above;

}menuBotton[bottonNum],tableBotton[bottonNum];
```

(2) 装饰界面结构体。

装饰界面结构体的定义包括装饰体的坐标等基本信息，具体如代码 4-15 所示。

代码 4-15　装饰界面结构体定义。

```
    struct DecorativeInterface{

        int x;                  //物体 x 坐标

        int y;                  //物体 y 坐标

        int high;               //物体的高度

        int weight;             //物体的宽度

        ACL_Image img;          //物体的图片

    }decorative[decorativeNum];
```

(3) 输入框结构体。

输入框结构体的定义包括输入框的坐标等基本信息，具体如代码 4-16 所示。

代码 4-16　输入框结构体定义。

```
    typedef struct TBox *TextBox;

    struct TBox{

        char text[textNum];     //输入框输入内容

        int x;                  //输入框 x 坐标

        int y;                  //输入框 y 坐标

        int length;             //输入框长度

        int height;             //输入框高度

        int charLen;            //当前字符长度

        char select;

        //当前是否被选中，0 为未被选中，1 为被选中，一个界面最多一个输入框被选中

        int seeFlag;            //用于判断按钮是否可见

        int textFlag;           //用于判断按钮是否可见

    };

    TextBox TextBox1;

    TextBox TextBox2;
```

(4) 结点结构体。

结点结构体的定义包括结点的坐标等基本信息。

图 4-33 所示为本项目整体程序函数框架图。

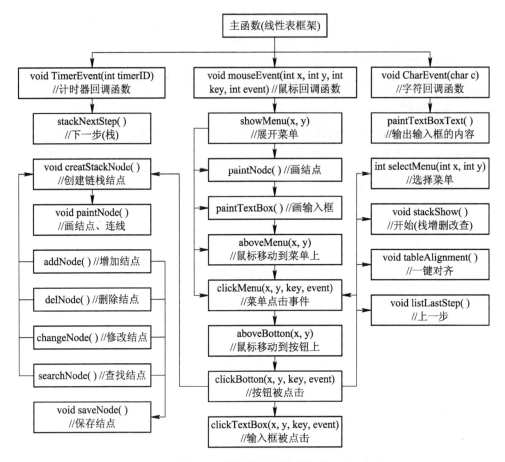

图 4-33   整体程序函数框架图

2. 关键功能的实现

（1）增加结点。

链栈增加结点的伪代码如代码 4-17 所示。

代码 4-17   增加结点伪代码。

```
//增加结点
saveNode()保存结点
while  待增加结点非空  do
    在链栈末尾增加新结点
    标记结点已增加
end while
cleanScreen();          //清屏
creatListNode();        //使用新的结点创建结点
paintTextBox();         //画输入框
paintNode();            //画结点
```

（2）删除结点。

链栈删除结点的伪代码如代码 4-18 所示。

代码 4-18　删除结点伪代码。

```
//删除结点
saveNode()保存结点
while  结点非空  do
    if 结点是需要删除的结点
        删除该结点
        标记该结点已删除
    end if
end while
cleanScreen();           //清屏
creatListNode();         //使用新的结点创建结点
paintTextBox();          //画输入框
paintNode();             //画结点
```

（3）修改结点。

链栈修改结点的伪代码如代码 4-19 所示。

代码 4-19　修改结点伪代码。

```
//修改结点
saveNode()保存结点
while  结点非空  do
    if 结点是需要修改的结点
        修改该结点
        标记该结点已修改
    end if
end while
cleanScreen();           //清屏
creatListNode();         //使用新的结点创建结点
paintTextBox();          //画输入框
paintNode();             //画结点
```

（4）查找结点。

链栈查找结点的伪代码如代码 4-20 所示。

代码 4-20　查找结点伪代码。

```
//查找结点
saveNode()保存结点
while  结点非空  do
    if 结点是需要查找的结点
        结点标记为蓝色
    end if
```

```
end while
if 没有找到该结点
    输出"结点未找到"
end if
cleanScreen();          //清屏
creatListNode();        //使用新的结点创建结点
paintTextBox();         //画输入框
paintNode();            //画结点
```

实现效果

1. 增加结点效果

(1) 结点 4 和 5 为待增加结点，标记为蓝色，如图 4-34 所示。

图 4-34　增加结点过程(1)

(2) 此时结点 5 正在被遍历，标记为红色，如图 4-35 所示。

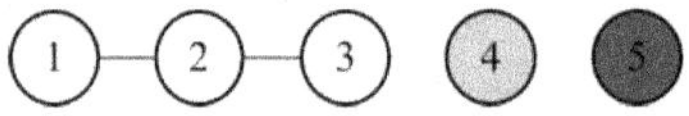

图 4-35　增加结点过程(2)

(3) 此时结点 4 和 5 均被增加完成，如图 4-36 所示。

图 4-36　增加结点过程(3)

2. 删除结点效果

(1) 此时结点 2 是需要被删除的结点，标记为蓝色，如图 4-37 所示。

图 4-37　删除结点过程(1)

(2) 此时根据链栈的遍历方式，从后往前遍历，遍历到的结点标记为红色，如图 4-38 所示。

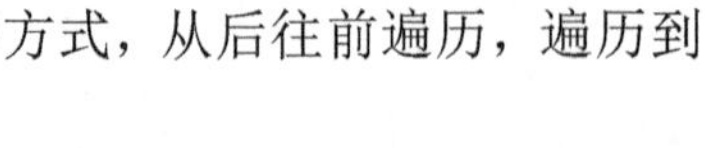

图 4-38　删除结点过程(2)

(3) 当两个结点 2 被删除之后，只剩下结点 1，如图 4-39 所示。

图 4-39　删除结点过程(3)

(4) 再重新入栈不需要删除的结点 3 和 4，如图 4-40 所示。

图 4-40　删除结点过程(4)

3．修改结点效果

(1) 此时结点 2 是需要被修改的结点，如图 4-41 所示。

图 4-41　修改结点过程(1)

(2) 此时正在从右向左遍历，遍历到的结点标记为红色，如图 4-42 所示。

图 4-42　修改结点过程(2)

(3) 遍历到结点 2 后，修改为需要的数据，如图 4-43 所示。

图 4-43　修改结点过程(3)

4．查找结点效果

假设需要查找的结点为 5。

1) 结点找到

(1) 此时从右向左遍历，遍历到的结点标记为红色，如图 4-44 所示。

图 4-44　查找结点过程(1)

(2) 此时结点 5 符合需要查找的结点条件，标记为蓝色并结束，如图 4-45 所示。

图 4-45　查找结点过程(2)

2) 结点未找到

(1) 此时从右向左遍历，遍历到的结点标记为红色，如图 4-46 所示。

图 4-46　查找结点过程(3)

(2) 遍历完成之后仍未找到结点 5，输出"未找到该结点！"，如图 4-47 所示。

未找到该结点！

图 4-47　查找结点过程(4)

不足与改进

本项目设计尚有不足之处，可以进一步修改，使程序更加智能灵活，具体如下：

(1) 在时间复杂度和控件复杂度方面有很大的提升空间，部分功能设计较为复杂，容易出现错误导致程序崩溃；可以进一步降低代码复杂程度，提高代码效率。

(2) 运用的全局变量较多，导致代码可读性降低；可以多采用函数传参的方式使用局部变量，提高代码的可读性，方便学习和交流。

(3) 遍历界面比较简约，可以进一步提升界面的生动性。

项目 23　树形结构算法展示

项目简介

本项目设计的是一款树形结构算法的教学辅助工具，该工具将树的算法接入到算法展示框架中，并通过图形化界面将树创建、4 种遍历、大小顶堆排序、插入、删除的过程动态展示出来。

项目难度：难。

项目复杂度：复杂。

项目需求

1. 基本功能

(1) 实现创建树功能。定义树的结构体，需要包含每个树结点的 x 坐标、y 坐标、结点状态、父结点、两个孩子结点、树的高、结点图片等。通过绘制的输入框将所有的结点输入结构体数组后，分配树结点的 x、y 坐标和高度，并通过可视化界面绘制出来。

（2）实现遍历树功能。将树的先序遍历、后序遍历、中序遍历、层序遍历通过可视化界面展示出来。

（3）实现插入结点功能。输入树的父结点和需要插入的结点，将需要插入的结点通过可视化界面插入到该父结点后面，并重置后面所有受影响的结点，最后对插入完的数据进行大顶堆排序或小顶堆排序。

（4）实现删除结点功能。输入需要删除的结点，通过可视化界面将该结点删除，并重置后面所有受影响的结点，最后对删除后的数据进行大顶堆排序或小顶堆排序。

2．拓展功能

（1）灵活生成树：根据树的结点个数，自动调整树的位置使其一直保持在屏幕中央位置。

（2）插入多个结点：支持多个结点同时插入到树中，增加的过程要逐个表示出来。

（3）删除多个结点：支持删除多个结点、跨结点删除，删除的过程要表示出来。

项目设计

1．总体设计

根据项目的基本功能需求和规则的设定，树形结构算法展示总体设计规划功能如图4-48 所示。

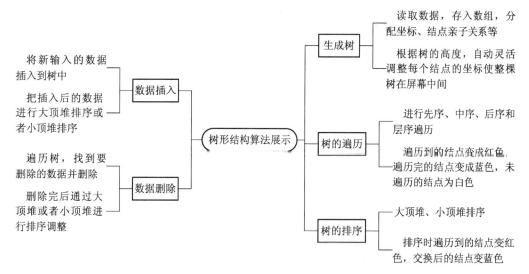

图 4-48　树形结构算法展示总体设计规划功能图

具体功能设计介绍如下：

（1）结点布局：初始化结点时给每个结点分配 x、y 坐标。每个结点都是一个圈，每个结点都显示到圈里；每棵树的父结点和子结点需要用线连接。

（2）遍历效果：根据树的先序、中序、后序和层序遍历方式，遍历到的结点采用红色，没遍历到的结点采用白色，遍历完成的结点采用蓝色。

（3）树的插入效果：通过大顶堆或者小顶堆的方式进行判断并插入，遍历到的结点用红色表示，其余结点用白色表示，交换过的结点用蓝色表示。

(4) 树的删除效果：将数据删除后，遍历到的结点采用红色，没遍历到的结点采用白色，交换过的结点采用蓝色。

树形结构算法展示的功能设计有以下几处难点：

(1) 创建结点过程中分配 x 坐标时，每个结点之间都有间隔，要取合适的间隔创建结点。

(2) 创建的树要根据树的高度，灵活自动调整整体位置到屏幕中央。

(3) 遍历结点时要使遍历到的结点变成红色，常规结点变成白色，特殊结点变成蓝色。

(4) 进行数据插入和数据删除后，都需要进行堆排序，在排序时候要把数据之间交换的过程通过改变结点颜色逐步展示出来。

(5) 上一步和下一步都要有点击次数的限制，不能导致溢出而使程序崩溃。

(6) 定时器控制遍历过程时需控制好遍历的速度，不宜过快。

2. 关键功能的设计

(1) 先序遍历。

首先访问根结点然后遍历左子树，最后遍历右子树。在遍历左、右子树时，仍然先访问根结点，然后遍历左子树，最后遍历右子树，如果二叉树为空则返回，如图 4-49 所示。

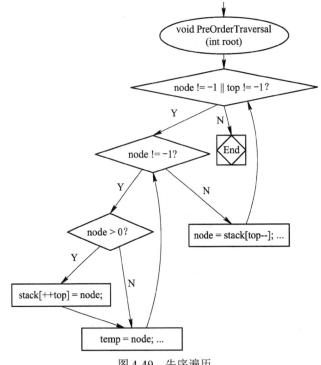

图 4-49　先序遍历

(2) 中序遍历。

在二叉树中，中序遍历首先遍历左子树，然后访问根结点，最后遍历右子树，如图 4-50 所示。

(3) 后序遍历。

后序遍历首先遍历左子树，然后遍历右子树，最后访问根结点，在遍历左、右子树时，仍然先遍历左子树，然后遍历右子树，最后遍历根结点，如图 4-51 所示。

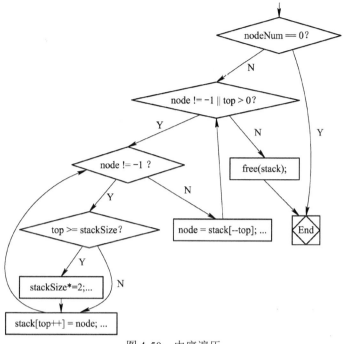

图 4-50 中序遍历

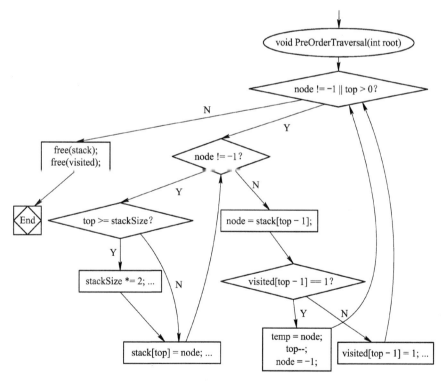

图 4-51 后序遍历

(4) 层序遍历。

层序遍历按照从上到下、从左到右的顺序逐层访问二叉树结点。在进行层序遍历时，每一层的结点按照从左到右的顺序被访问，如图 4-52 所示。

(5) 大顶堆排序。

首先将每个叶子结点视为一个堆，再将每个叶子结点与其父结点一起构造成一个包含更多结点的对。因此，在构造堆的时候，首先需要找到最后一个结点的父结点，从这个结点开始构造最大堆，直到该结点前面所有分支结点都处理完毕，如图 4-53 所示。

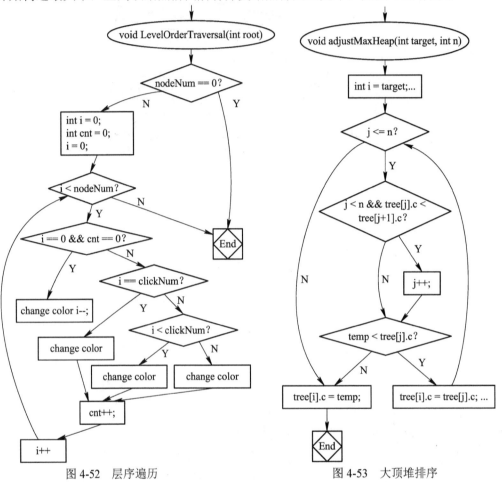

图 4-52 层序遍历   图 4-53 大顶堆排序

项目实现

1．程序框架

(1) 按钮结构体。

按钮结构体的定义如代码 4-21 所示。

代码 4-21 按钮结构体定义。

```
struct Botton{
    int x;              //按钮 x 坐标
    int y;              //按钮 y 坐标
```

```
        int weight;                //按钮宽度
        int high;                  //按钮高度
        char text[10];             //按钮文字
        int textSize;              //按钮文字大小
        char textCol[20];          //按钮文字颜色
        int clickable;             //用于判断按钮是否可以点击
        int clickNum;              //按钮点击次数
        int moveFlag;              //是否移动到按钮上
        int clickFlag;             //用于判断按钮是否已被点击
        int seeFlag;               //用于判断按钮是否可见
        ACL_Image img;
        ACL_Image img_above;
    }menuBotton[bottonNum],tableBotton[bottonNum];
```

(2) 装饰界面。

装饰界面的定义如代码 4-22 所示。

代码 4-22　装饰界面定义。

```
    struct DecorativeInterface{
        int x;                     //物体 x 坐标
        int y;                     //物体 y 坐标
        int high;                  //物体的高度
        int weight;                //物体的宽度
        ACL_Image img;             //物体的图片
    }decorative[decorativeNum];
```

(3) 输入框结构体。

输入框结构体的定义如代码 4-23 所示。

代码 4-23　输入框结构体定义。

```
    typedef struct TBox *TextBox;
    struct TBox{
        char text[textNum];        //输入框输入内容
        int x;                     //输入框 x 坐标
        int y;                     //输入框 y 坐标
        int length;                //输入框长度
        int height;                //输入框高度
        int charLen;               //当前字符长度
        char select;
        //当前是否被选中，0 为未被选中，1 为被选中，一个界面最多一个输入框被选中
        int seeFlag;               //用于判断按钮是否可见
        int textFlag;              //用于判断按钮文字是否可见
    };
```

```
    TextBox TextBox1;
    TextBox TextBox2;
```

(4) 树结构体定义。

树结构体的定义如代码 4-24 所示。

代码 4-24　树结构体定义。

```
struct Node{
    int x;          //x 坐标
    int y;          //y 坐标
    char c;         //值
    int type;       //类型：0 为默认，1 为选中，2 为新增
    int parent;     //父结点
    int high;       //高度
    int Lchild;     //左孩子
    int Rchild;     //右孩子
    ACL_Image img;
}tree[treeNum];
```

如图 4-54 所示为本项目的整体程序函数框架图。

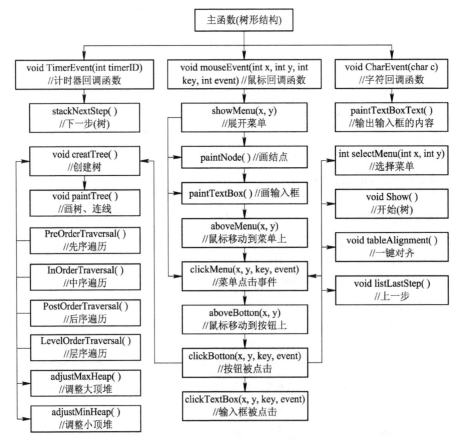

图 4-54　整体程序函数框架图

2. 关键功能的实现

(1) 先序遍历。

先序遍历的伪代码如代码 4-25 所示。

代码 4-25 先序遍历伪代码。

```
//先序遍历 伪代码
创建一个结点索引的栈
重置所有结点颜色
while node != -1 || top != -1 do
    while node! =-1 do
        结点变色
        结点入栈
        node = 树的左结点
    end while
    node = 上一个入栈结点
    node = 树的右结点
end while


cleanScreen();              //清屏
creatListNode();           //使用新的结点创建结点
paintTextBox();            //画输入框
paintTree();               //画结点
```

(2) 中序遍历。

中序遍历的伪代码如代码 4-26 所示。

代码 4-26 中序遍历伪代码。

```
//中序遍历 伪代码
创建一个结点索引的栈
重置所有结点颜色
while node != -1 || top > 0 do
    while node!=-1 do
        if top >= stackSize
            stackSize *=2
            动态分配栈控件
        end if
        结点入栈
        node = 结点的左孩子
    end while
    取出栈顶结点
```

```
        结点变色
        node = 结点的右孩子
    end while
    cleanScreen();          //清屏
    creatListNode();        //使用新的结点创建结点
    paintTextBox();         //画输入框
    paintTree();            //画树
```

(3) 后序遍历。

后序遍历的伪代码如代码 4-27 所示。

代码 4-27　后序遍历伪代码。

```
//后序元素 伪代码
创建一个结点索引的栈
重置所有结点颜色
while node != -1 || top > 0 do
    while node!=-1 do
        if top >= stackSize
            stackSize *=2
            动态分配栈空间 a 用于保存遍历过程中访问过的结点
            动态分配栈空间 b 用于保存遍历过程是否已经访问过右子结点
        end if
        结点入栈 a
        栈 b = 0
        node = 结点的左孩子
    end while
    取出栈顶结点
    结点变色
    node = 结点的右孩子
end while
cleanScreen();          //清屏
creatListNode();        //使用新的结点创建结点
paintTextBox();         //画输入框
paintNode();            //画结点
```

(4) 堆排序。

堆排序的伪代码如代码 4-28 所示。

代码 4-28　堆排序伪代码。

```
//堆排序 伪代码
int I = target
```

int j = 2*I +1

定义一个 temp 临时储存当前树的结点

while j<=结点个数-1 do

　　找出左右孩子的最大值

　　if temp < tree[j].c do

　　　　不满足大顶堆则交换元素值

　　end if

end while

tree[i].c = temp

改变结点颜色

cleanScreen();　　　　　//清屏

creatListNode();　　　　//使用新的结点创建结点

paintTextBox();　　　　 //画输入框

paintNode();　　　　　　//画结点

实现效果

1. 创建树效果(根据树的高度自动调整树的位置)

(1) 当树的高度为 2 时，如图 4-55 所示。

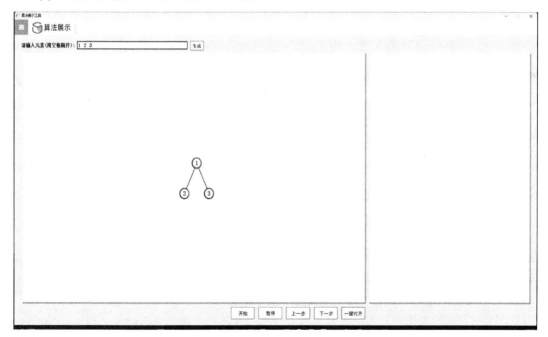

图 4-55　创建树(1)

(2) 当树的高度为 3 时，如图 4-56 所示。

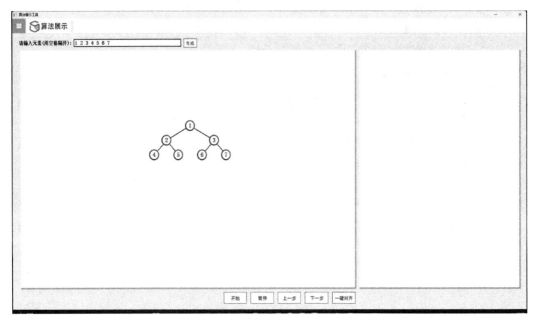

图 4-56   创建树(2)

(3) 当树的高度为 4 时，如图 4-57 所示。

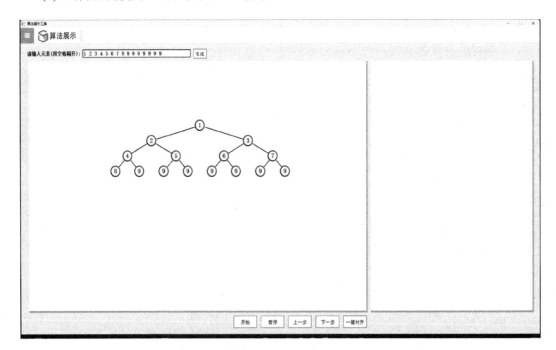

图 4-57   创建树(3)

2. 先序遍历效果

(1) 遍历的第一个结点标红，意味着准备开始遍历，如图 4-58 所示。

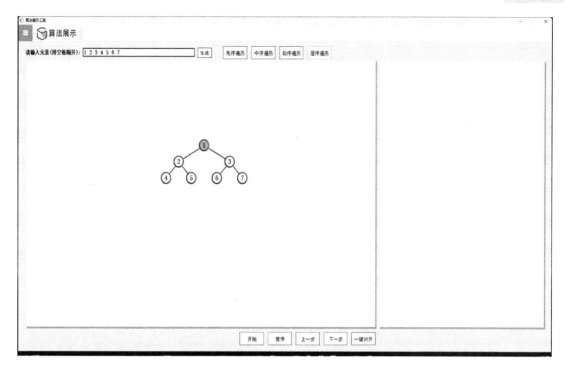

图 4-58　先序遍历(1)

(2) 遍历到的结点为红色，遍历过的结点为蓝色，未遍历的结点为白色，如图 4-59 所示。

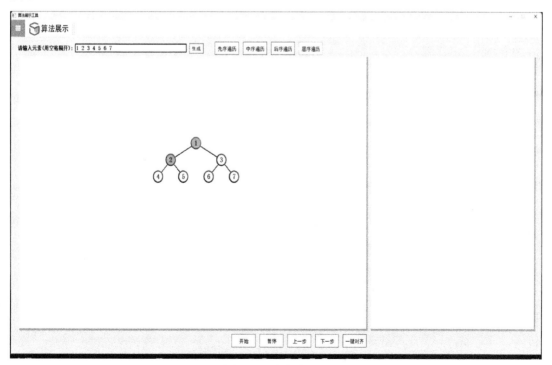

图 4-59　先序遍历(2)

(3) 当所有结点遍历完成后，结果如图 4-60 所示。

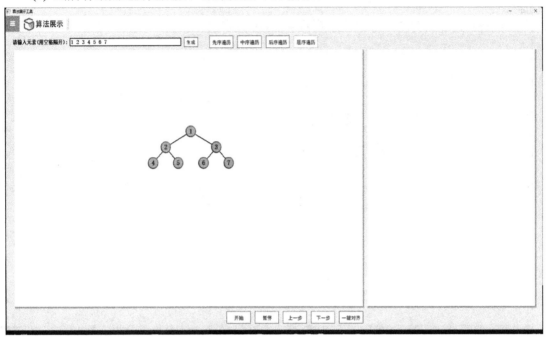

图 4-60　先序遍历(3)

3. 中序遍历效果

(1) 中序遍历到的第一个结点标红，意味着遍历开始，如图 4-61 所示。

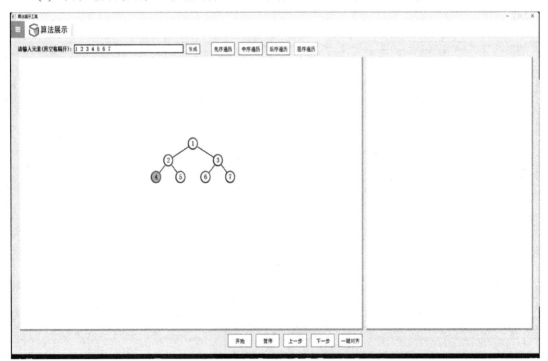

图 4-61　中序遍历(1)

(2) 遍历到的结点标红色,遍历完的结点标蓝色,未遍历的为白色,如图 4-62 所示。

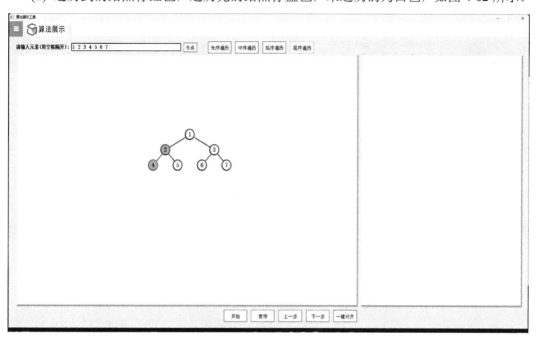

图 4-62 中序遍历(2)

(3) 遍历完之后如图 4-63 所示。

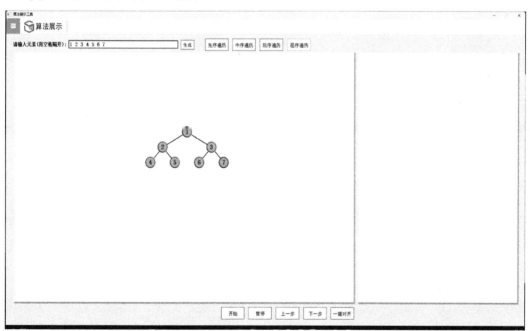

图 4-63 中序遍历(3)

4. 后序遍历效果

(1) 后序遍历的第一个结点标红,意味着遍历开始,如图 4-64 所示。

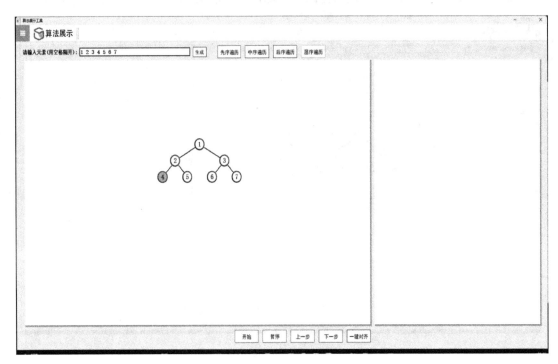

图 4-64　后序遍历(1)

(2) 遍历到的结点标红，遍历完的结点为蓝色，未遍历的结点为白色，如图 4-65 所示。

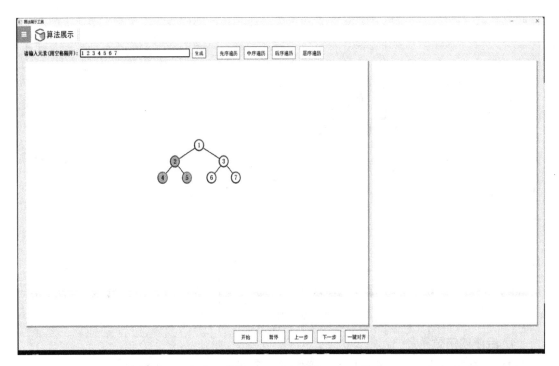

图 4-65　后序遍历(2)

(3) 遍历完成后如图 4-66 所示。

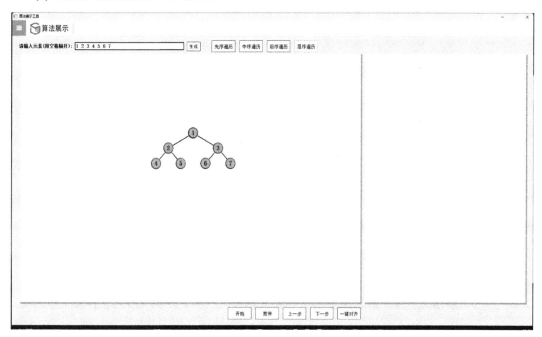

图 4-66　后序遍历(3)

5. 层序遍历效果

(1) 层序遍历的第一个结点标红，意味着遍历开始，如图 4-67 所示。

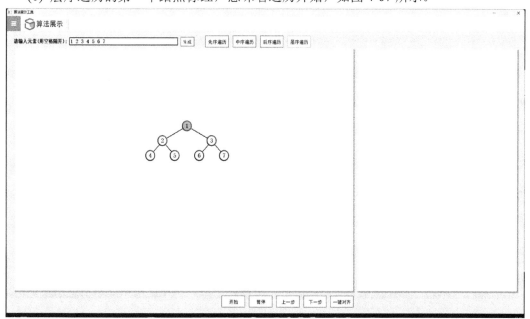

图 4-67　层序遍历(1)

(2) 遍历到的结点为红色，遍历完的结点为蓝色，未遍历的结点为白色，如图 4-68 所示。

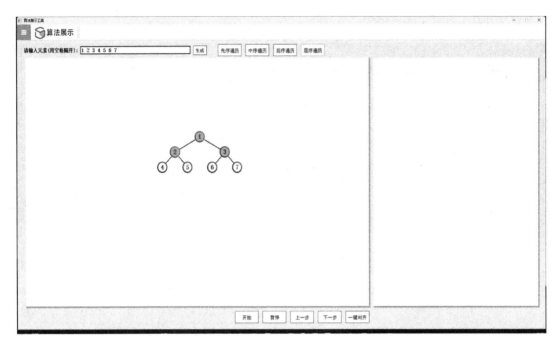

图 4-68　层序遍历(2)

(3) 遍历完之后如图 4-69 所示。

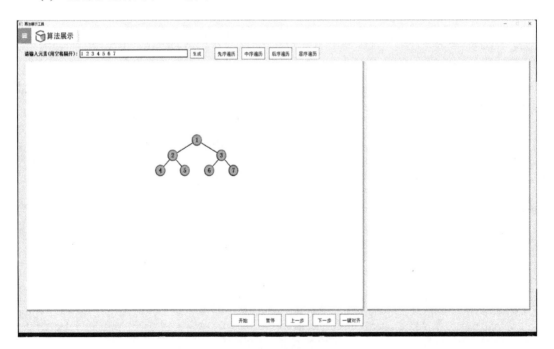

图 4-69　层序遍历(3)

6. 大顶堆排序效果

(1) 遍历大顶堆第一个结点标红，意味着遍历开始，如图 4-70 所示。

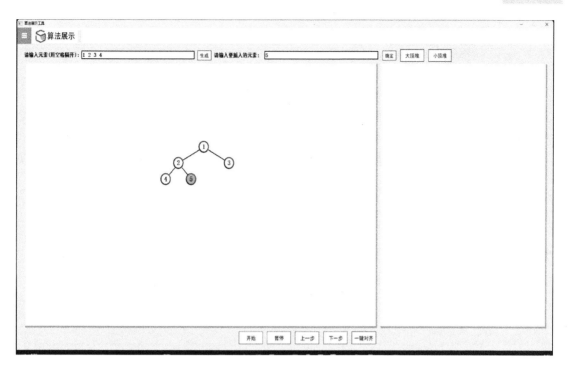

图 4-70　大顶堆排序过程(1)

(2) 经过交换后形成大顶堆，如图 4-71 所示。

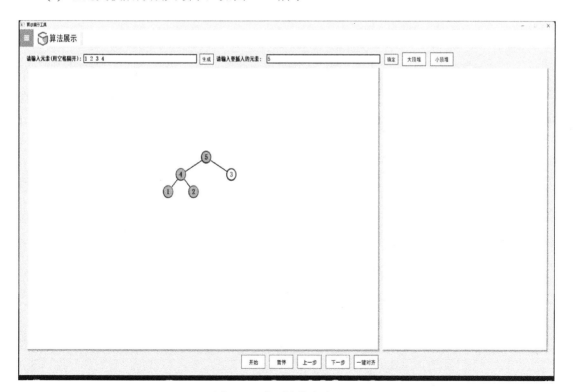

图 4-71　大顶堆排序过程(2)

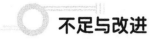 **不足与改进**

本项目设计尚有不足之处，可以进一步修改，使程序更加智能灵活，具体如下：

(1) 在时间复杂度和控件复杂度方面有很大的提升空间，部分功能设计较为复杂，容易出现错误导致栈溢出而崩溃；可以进一步降低代码复杂程度，提高代码效率。

(2) 运用的全局变量较多，导致代码可读性降低；可以多采用函数传参的方式使用局部变量，提高代码的可读性，方便学习和交流。

(3) 遍历界面比较简约，可以进一步提升界面的生动性。

第 5 章　图像处理工具类

项目 24　画图工具

项目简介

本项目设计的是一款画图工具。画图工具有直线、矩形、圆角矩形、椭圆、圆形、多边形等绘制功能，可以调节图形的大小和颜色，还可以读取本地图片，并在图片修改完成后进行图片保存。

项目难度：适中。

项目复杂难度：适中。

项目需求

1. 基本功能

(1) 实现直线工具，通过鼠标操作在画板上绘制直线。

(2) 实现矩形工具，通过鼠标操作在画板上绘制矩形。

(3) 实现圆角矩形工具，通过鼠标操作在画板上绘制圆角矩形。

(4) 实现椭圆工具，通过鼠标操作在画板上绘制椭圆形。

(5) 实现圆形工具，通过鼠标操作在画板上绘制圆形。

2. 拓展功能

(1) 实现绘制界面选择反馈：通过鼠标移动选定绘制功能，并给予高亮显示反馈。

(2) 实现自定义形状工具：通过鼠标操作在画板上绘制复杂图形，如多边形、同心圆、网格状图形、特殊图形等。

 **项目设计**

1. 总体设计

根据项目的基本功能需求，画图工具总体设计规划功能如图 5-1 所示。

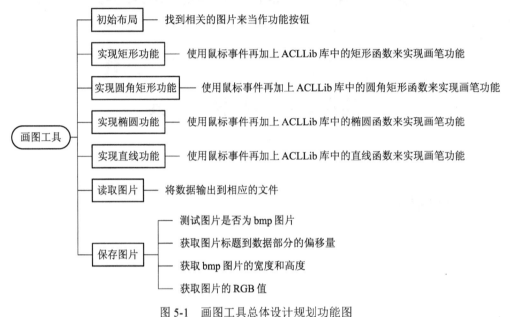

图 5-1　画图工具总体设计规划功能图

具体功能设计介绍如下：

(1) 初始布局。

设置原始界面设计，找到相关的图片作为直线、矩形、圆角矩形、椭圆和圆形的选取按钮。

方法：通过鼠标点击事件点击不同的按钮来选择不同的图形工具。

(2) 实现直线/矩形/圆角矩形/椭圆/圆形绘制功能。

通过鼠标的点击以及拖拽来绘制这五种形状，可通过鼠标拖拽改变直线、矩形、圆角矩形、椭圆和圆形的粗细。

方法：使用鼠标事件再加上 ACLLib 库中的直线、矩形、圆角矩形、椭圆函数实现功能。当鼠标点击完改变粗细的按钮后，再次调用直线、矩形、圆角矩形、椭圆函数改变其粗细。

(3) 读取图片。

当鼠标点击文件读取按钮时，可打开文件管理器读取 bmp 图片到画笔工具界面中。

方法：将获得的图片地址传入程序中，然后把图片显示在程序上。

(4) 保存图片。

当鼠标点击文件保存按钮时，可保存修改后的图片。

方法：获取图片相关信息并保存图片的每一个像素点的 RGB 数据。

画图工具的功能设计有以下几处难点：

(1) 实现画图功能。首先需要判断可以绘画的范围，之后再传进两个坐标，一个为初始坐标，另　个为最终坐标，最后再调用 ACLLib 库中的函数即可实现该功能。

(2) 实现形状颜色改变。首先需要寻找一张具有多种颜色的调色板，然后在调色板范围内设置一个鼠标事件，当鼠标在调色板范围内进行点击事件时，则获取鼠标点击位置颜色的 RGB 值，再调用 ACLLib 库中的画刷函数，将 RGB 值传递过去从而改变画图形状的颜色。

(3) 实现保存图片。首先把图片信息位图文件头、位图信息头、颜色表写入 bmp 图片文件，再从图片起始坐标开始遍历像素点获得颜色值，把像素点的 RGB 三色存入 RGB 数组，把 RGB 三个数组按 BGR 写入 bmp 图片文件，从而实现文件的保存。

2. 关键功能的设计

(1) 矩形工具功能。

设计矩形功能首先需要判断鼠标点击是否在规定范围内，如果是，则可以获取鼠标的始末坐标。如果鼠标没有在调色板范围内点击，则矩形颜色默认为黑色。若鼠标点击，则获取鼠标点击坐标的 RGB 值，通过 RGB 值来获取颜色从而改变矩形颜色。矩形功能设计流程如图 5-2 所示。

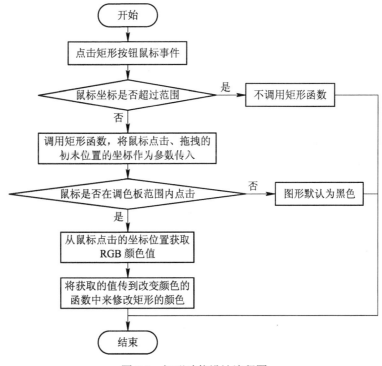

图 5-2　矩形功能设计流程图

(2) 调节图形粗细功能。

先判断鼠标坐标是否在调节粗细的调节板上。当鼠标点击时，根据鼠标所在的坐标值利用公式转换为对应图形的粗细值，并将粗细值传到改变图形的粗细函数中来修改图形的粗细。调节图形粗细功能设计流程如图 5-3 所示。

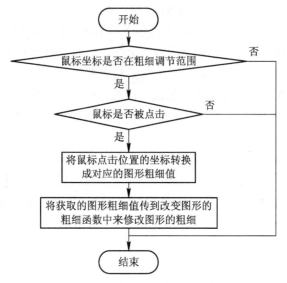

图 5-3   调节图形粗细功能设计流程图

项目实现

1. 程序框架

该项目实现所需要的变量或常量定义如代码 5-1 所示，具体包括菜单栏、颜色栏、图像栏等。

代码 5-1   程序框架。

```
int flage=0;                                      //用于判断窗口是否要打开
int picFlag=0;                                    //判断是否要记录画图形时的原始 x、y
int penColor=0, brushColor=0;                             //颜色
int pencil=0, eraser=0, brush=0, draw=0, ChangeColor=0;     //判断是否画画
int down=0, order=0;                              //是否打开窗口，打开第几个窗口
int coordinates[4];
int px=0, py=0, bx=0, by=0, ex=0, ey=0, cx=0, int picType;
//图像类型：1 为矩形，2 为圆角矩形，3 为椭圆，4 为直线
char menubar[100]={""};                               //菜单栏
char colorbar[100]={""};                              //颜色栏
char layercolumn[100]={""};                           //图层栏
char tempStr[50]={""};                                //用于存放临时字符串
char strBar[100]={""}, str[100]={""};                 //用于存放 x、y 坐标
ACL_Image background, TopBackground, toolbar, PopupWindowBackground;     //背景
ACL_Image button, color,PopupWindow;                  //按钮，取色板，弹窗
ACL_Color getColor;                                   //用于获取颜色
```

该项目通过鼠标事件完成画图功能。通过判断鼠标的点击以及拖动来实现图像功能，包括矩形、圆形、椭圆、直线等。通过读取以及保存 bmp 图片来实现文件的读取以及保存。以上函数及调用关系如图 5-4 所示。

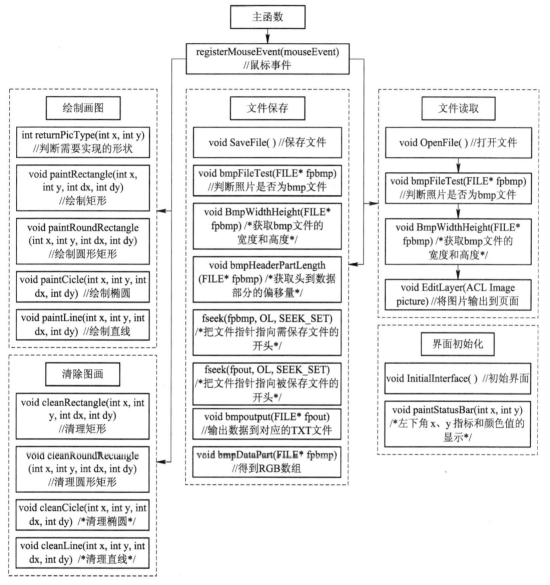

图 5-4 整体程序函数框架图

2. 关键功能的实现

(1) 矩形功能伪代码。

关于矩形画图的功能伪代码如代码 5-2 所示。

代码 5-2 矩形功能伪代码。

```
void cleanRectangle(鼠标经过的坐标)
{
```

该功能用于清除鼠标滑动时产生的矩形;

　　设置边框颜色(默认为黑色);

设置边框里面的颜色(默认为黑色);

　　设置粗细;

if(判断是否选择矩形图形)

　　设置矩形边框的粗细;

调用矩形函数将鼠标经过的坐标作为参数传进去;

}

void paintRectangle(鼠标经过的坐标)

{

该功能用于绘制鼠标滑动时产生的矩形;

if(鼠标在调色板范围内点击过){

　　获取鼠标在调色板内点击的坐标的颜色;

}

else{

　　画笔默认颜色为黑色;

}

画笔默认粗细为 5 号;

　　if(改变了形状边框的粗细)

　　　　调用改变粗细的函数;

保存上一次的 x 坐标;

保存上一次的 y 坐标;

调用矩形函数,将初末坐标作为参数;

}

(2) 调节图形粗细功能伪代码。

关于调节图形粗细的功能伪代码如代码 5-3 所示。

代码 5-3　调节图形粗细功能伪代码。

if(鼠标坐标是否在调节粗细板上){

if(鼠标是否被点击)

{

　　将鼠标点击位置的坐标转换成对应的图形粗细值;

　　将获取的图形粗细值传到改变图形的粗细函数来修改图形的粗细;

}

}

◯ 实现效果

画图工具初始界面如图 5-5 所示,其中左边为工具栏,上边为编辑栏,右边为调色以及图层，下边为状态栏。

图 5-5　画图工具初始界面

　　直线、矩形、圆角矩形、椭圆形和圆形可以通过鼠标的拖拽调节大小，改变边框粗细和颜色，如图 5-6 所示。

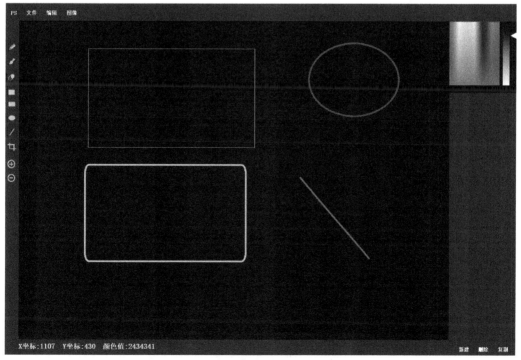

图 5-6　画图工具使用

当点击"文件"菜单中的"打开文件"时，可以打开一张 bmp 格式的图片到画图工具界面中，如图 5-7 所示。

图 5-7   打开 bmp 图片文件

不足与改进

该项目在设计与实现过程中存在以下不足与可改进的地方：

(1) 代码复用性低，可进行进一步优化。

(2) 读取和保存图片只可以用 bmp 格式的图片，其他类型的图片无法进行编辑。

(3) 在用形状编辑图片时会直接覆盖图片，边框里面无法展示图片。

项目 25   画 笔 工 具

项目简介

本项目设计的是一款画笔工具。画笔工具有铅笔、画笔和橡皮擦，功能包括调节画笔的粗细程度，改变画笔的颜色，加载图片，使用铅笔、画笔以及橡皮擦进行图片修改，图片修改完成后进行图片保存。

项目难度：适中。

项目复杂难度：适中。

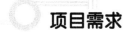 项目需求

1．基本功能

(1) 实现基础的铅笔和画笔功能，可以通过鼠标的滑动描绘图案。

(2) 实现橡皮擦功能，可以通过鼠标的滑动消除图案。

(3) 实现可以改变画笔工具的粗细程度功能，可以通过鼠标调节画笔的粗细。

(4) 实现画笔改变颜色功能，可以通过调色盘来调节画笔的颜色。

(5) 实现图片的加载以及保存。

2．拓展功能

(1) 实现画笔工具编辑器，可设置画笔的硬度、形状、透明度、流量等；

(2) 实现混合画笔，增加类似水滴的画笔功能。

项目设计

1．总体设计

根据项目的基本功能需求，画笔工具总体设计规划功能如图 5-8 所示。

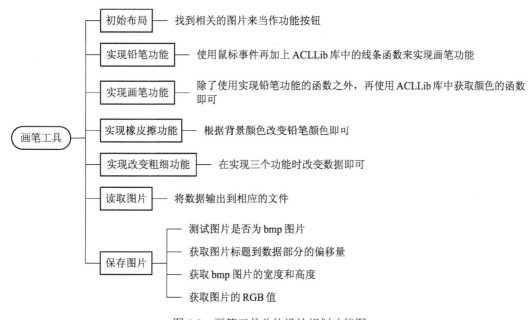

图 5-8　画笔工具总体设计规划功能图

具体功能设计介绍如下：

(1) 初始布局。

设置原始界面，找到相关的图片来当作铅笔、画笔、橡皮擦的按钮。

方法：通过鼠标事件点击不同的按钮来选择不同的画笔工具。

(2) 实现铅笔/画笔/橡皮擦功能。

可通过鼠标来控制铅笔或者画笔绘制图画，并可通过鼠标来控制橡皮擦消除铅笔或画笔所绘的图画。

方法：使用 ACLLib 库中的线条函数实现铅笔功能。画笔功能是在铅笔功能的基础上修改线条颜色即可。橡皮擦功能则是根据自行设置的背景颜色，把画笔颜色修改为背景颜色。

(3) 实现改变粗细功能。

可通过鼠标拖拽改变铅笔、画笔以及橡皮擦的粗细。

方法：当鼠标点击完改变粗细的按钮后，再次调用铅笔、画笔以及橡皮擦函数改变其粗细。

(4) 读取图片。

当鼠标点击文件读取按钮时，可打开文件管理器读取 bmp 图片到画笔工具界面中。

方法：将获得的图片地址传入程序中，然后把图片显示在程序上。

(5) 保存图片。

当鼠标点击文件保存按钮时，可保存修改后的图片。

方法：获取图片相关信息并保存图片的每一个像素点的 RGB 数据。

画笔工具的功能设计有以下几处难点：

(1) 实现铅笔功能。首先需要判断可以绘画的范围，之后再传进两个坐标，一个为初始坐标，另一个为最终坐标，最后再调用 ACLLib 库中的线段函数即可实现该功能。

(2) 实现画笔颜色改变。首先需要寻找一张具有多种颜色的调色板，然后在调色板范围内设置一个鼠标事件，当鼠标在调色板范围内进行点击事件时，则获取鼠标点击位置颜色的 RGB 值，再调用 ACLLib 库中的画笔函数，将 RGB 值传递过去从而改变画笔颜色。

(3) 实现保存图片。首先把图片信息位图文件头、位图信息头、颜色表写入 bmp 图片文件，再从图片起始坐标开始遍历像素点获得颜色值，把像素点的 RGB 三色存入 RGB 数组，把 RGB 三个数组按 BGR 写入 bmp 图片文件，从而实现图片文件的保存。

2. 关键功能的设计

(1) 画笔功能。

画笔功能设计首先需要判断鼠标点击是否在规定范围内，如果是，则可以获取鼠标的始末坐标。如果鼠标没有在调色板范围内点击，则画笔颜色默认为黑色。若鼠标点击，则获取鼠标点击坐标的 RGB 值，通过 RGB 值来获取颜色从而改变画笔颜色。画笔功能设计流程如图 5-9 所示。

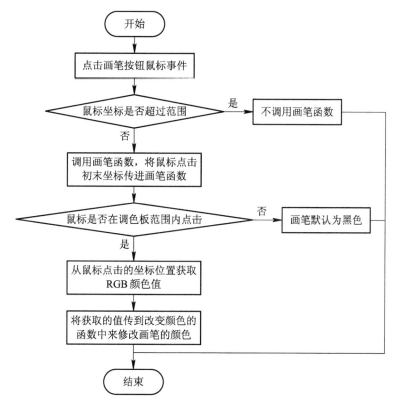

图 5-9　画笔功能设计流程图

(2) 保存图片功能。

实现保存图片功能，首先把图片信息、位图文件头、位图信息头、颜色表写入 bmp 图片文件，再从图片起始坐标开始遍历像素点获得颜色值，把像素点的 RGB 三色存入 RGB 数组，把 RGB 三个数组按 BGR 写入 bmp 图片文件，从而实现图片的保存。保存图片功能设计流程如图 5-10 所示。

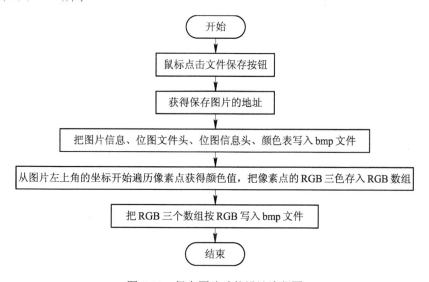

图 5-10　保存图片功能设计流程图

项目实现

1. 程序框架

该项目实现所需要的变量或常量定义如代码 5-4 所示，具体包括菜单栏、颜色栏、画笔等。

代码 5-4   程序框架。

int flage=0;	//用于判断窗口是否要打开
int penColor=0, brushColor=0;	//颜色
int pencil=0, eraser=0, brush=0, draw=0, ChangeColor=0;	//判断是否画画
int px=0,py=0, bx=0, by=0, ex=0, ey=0, cx=0, cy=0, size=0;	//绘画鼠标 x、y 坐标，粗细
char menubar[100]={""};	//菜单栏
char colorbar[100]={""};	//颜色栏
char tempStr[50]={""};	//用于存放临时字符串
char strBar[100]={""},str[100]={""};	//用于存放 x、y 坐标
ACL_Image background, TopBackground, toolbar, PopupWindowBackground;	//背景
ACL_Image button, color, PopupWindow;	//按钮，取色板，弹窗
ACL_Color getColor;	//颜色
char szFile[MAX_PATH] = {0};	
ACL_Color getColor, PaintBrushColor=0, Color;	//颜色
unsigned int OffSet = 0;	//从标题部分偏移到数据部分
long width ;	//数据部分的宽度
long height ;	//数据部分的高度
//RGB 数组	
unsigned char r[2000][2000], output_r[2000][2000];	
unsigned char g[2000][2000], output_g[2000][2000];	
unsigned char b[2000][2000], output_b[2000][2000];	
char strcolorR[25]={""},	
strcolorG[25]={""},	
strcolorB[25]={""},	
strcolorRGB[25]={""};	

该项目通过鼠标事件完成画笔功能，通过判断鼠标的点击以及拖动来实现画笔功能，通过读取以及保存 bmp 图片来实现文件的读取以及保存。以上函数及调用关系如图 5-11 所示。

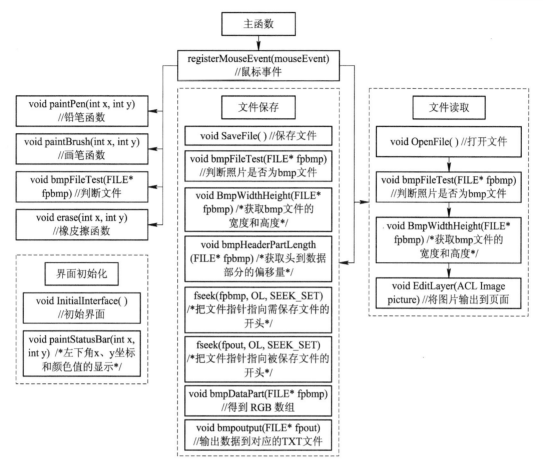

图 5-11　整体程序函数框架图

2. 关键功能的实现

(1) 画笔功能伪代码。

关于画笔功能调节颜色与在画板上画直线保持坐标的功能伪代码如代码 5-5 所示。

代码 5-5　画笔功能伪代码。

```
void paintBrush(鼠标经过的坐标)
{
    if(鼠标在调色板范围内点击过)
    {
        获取鼠标在调色板内点击的坐标的颜色;
    }
    else{
        画笔默认颜色为黑色;
    }
    画笔默认粗细为 5 号;
```

```
    调用直线函数，将初末坐标作为参数;

    保存上一次的 x 坐标;

    保存上一次的 y 坐标;

}
```

(2) 保存图片功能伪代码。

关于保存图片的尺寸与颜色数据到本地文件的功能伪代码如代码 5-6 所示。

代码 5-6　保存图片功能伪代码。

```
void SaveFile()

{

    以二进制方式打开文件，只进行读操作，返回到 fbmp 中

    测试 fbmp 文件是否为 bmp 文件

    获取数据部分的宽度、高度

    把文件指针指向需要保存文件(fbmp)、文件(fpout)的开头

    为保存文件申请一个从标题部分偏移到数据部分的内存

    从需要保存的文件(fbmp)中读取数据

    将读取的数据写入到用于保存文件的指针地址(fpout)中

    新建一个文本命名为"保存.bmp"并返回到 fpout

    把文件指针指向用于保存文件(fpout)的开头

    将读取的数据写入到用于保存的文件(fpout)中

    for(图片的高){

        for(图片的宽){

            开始绘画

            从图片的左上角坐标开始获取颜色

            结束绘画

            将获取的颜色值转为 16 进制并分别存到 RGB 三个数组里面

        }

    }

    输出数据到对应的 TXT 文件

    关闭 fbmp 文件以及 fpout 文件

}
```

实现效果

画笔工具初始界面如图 5-12 所示，其中左边为工具栏，上边为编辑栏，右边为调色以及图层，下边为状态栏。

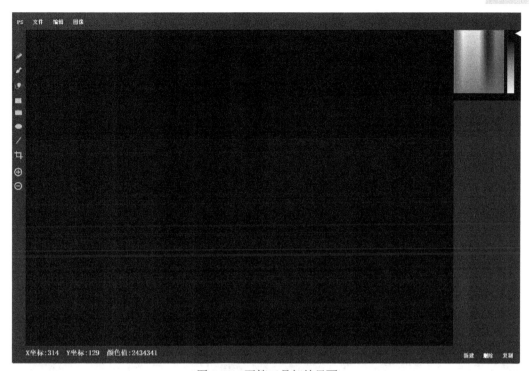

图 5-12　画笔工具初始界面

画笔工具可以调节粗细和颜色，橡皮擦可以擦除画笔，如图 5-13 所示。

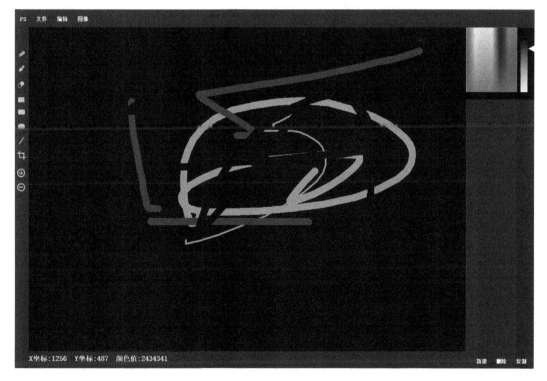

图 5-13　画笔工具使用

当点击"文件"菜单中的"打开文件"时，可以打开一张 bmp 格式的图片到画笔工具界面中，如图 5-14 所示。

图 5-14　打开 bmp 图片文件

可以通过画笔工具对图片进行修改，如图 5-15 所示。

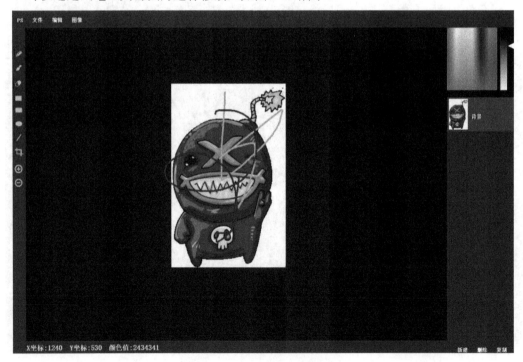

图 5-15　画笔工具修改图片

可以保存修改后的图片到指定的文件夹地址中，如图 5-16 所示。

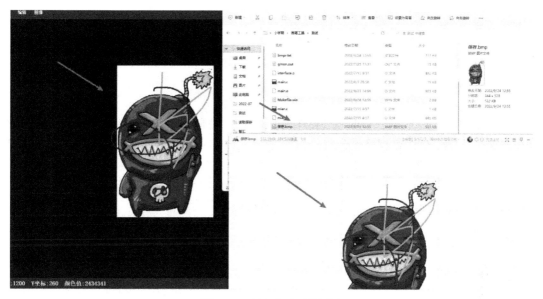

图 5-16 保存修改后的图片

不足与改进

该项目在设计与实现过程中存在以下不足与可改进的地方:

(1) 画笔工具不能实现对画出来的线的噪点进行平滑处理这一功能。

(2) 读取和保存图片只可以用 bmp 格式的图片,其他类型的图片无法进行编辑。

(3) 橡皮擦功能是用铅笔功能来代替的,不能擦除铅笔留下的痕迹,可进行进一步优化。

(4) 可以增加图层功能,从而更好地编辑图片。

参 考 文 献

[1] 何钦铭，颜晖. C 语言程序设计[M]. 4 版. 北京：高等教育出版社，2020.

[2] 颜晖，张泳. C 语言程序设计实验与习题指导[M]. 3 版. 北京：高等教育出版社，2015.

[3] 邱建华. C 语言程序设计教程[M]. 4 版. 大连：东软电子出版社，2020.

[4] 谭浩强，谭亦峰，金莹. C 语言程序设计教程[M]. 北京：清华大学出版社，2020.

[5] 陈越. 数据结构[M]. 2 版. 北京：高等教育出版社，2016.

[6] 国家精品在线课程. 程序设计入门：C 语言[EB/OL]. https://www.icourse163.org/course/ZJU-199001.

[7] 热门在线课程. C 语言程序设计[EB/OL]. https://www.icourse163.org/course/ZJU-9001.

[8] 国家精品在线课程. 数据结构[EB/OL]. https://www.icourse163.org/course/ZJU-93001.

[9] PTA 程序设计类实验辅助教学平台[EB/OL]. https://pintia.cn.

[10] ACLLib 图形库[EB/OL]. https://github.com/wengkai/ACLLib/wiki.